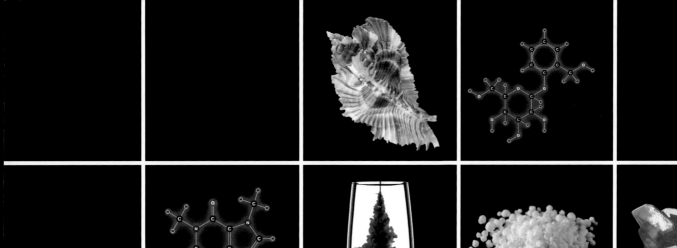

视觉之旅

化学世界的分子奥秘（彩色典藏版）

［美］西奥多·格雷（Theodore Gray） 著

［美］尼克·曼（Nick Mann）摄影

陈晟 孙慧敏 何菁伟 麻钧涵 译

刘子宁 审校

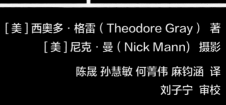

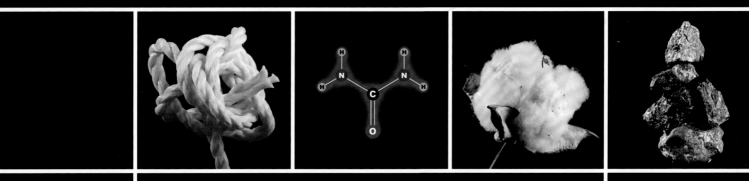

人民邮电出版社

北　京

图书在版编目（CIP）数据

视觉之旅. 化学世界的分子奥秘 ：彩色典藏版 /
（美）格雷（Gray, T.）著 ；（美）曼（Mann, N.）摄 ；
陈晟等译. -- 北京 ：人民邮电出版社，2015.4
ISBN 978-7-115-38361-7

Ⅰ. ①视… Ⅱ. ①格… ②曼… ③陈… Ⅲ. ①分子—
普及读物 Ⅳ. ①N49②O561-49

中国版本图书馆CIP数据核字(2015)第044025号

版 权 声 明

- ◆ 著　　　　[美] 西奥多·格雷（Theodore Gray）
- 摄　　影　　[美] 尼克·曼（Nick Mann)
- 译　　　　陈　晟　孙慧敏　何菁伟　麻钧涵
- 审　　校　　刘子宁
- 责任编辑　韦　毅
- 责任印制　彭志环
- ◆ 人民邮电出版社出版发行　　北京市丰台区成寿寺路 11 号
- 邮编　100164　　电子邮件　315@ptpress.com.cn
- 网址　http://www.ptpress.com.cn
- 北京宝隆世纪印刷有限公司印刷
- ◆ 开本：889×1194　1/20
- 印张：12　　　　　　　　2015 年 4 月第 1 版
- 字数：359 千字　　　　　2025 年 4 月北京第 56 次印刷
- 著作权合同登记号　图字：01-2014-4931 号

定价：68.00 元
读者服务热线：(010)81055410　印装质量热线：(010)81055316
反盗版热线：(010)81055315

译者序

当听说本书正在招募译者时，我的第一个反应就是"无论如何都要争取到这个机会"。因为这本书的作者之前写过另一本里程碑式的作品《视觉之旅：神奇的化学元素》，那本书给我留下了非常震撼的印象。所以这本书的翻译工作，我和其他几位译者、审校者，是怀着一种近乎朝圣的心态去完成的：能在这本经典著作中留下我们的名字，本身就是一件值得骄傲的事情。

拿到原版书之后，发现先前的期盼之情果然没有落空。这本书延续了前作的风格，不仅内容相当丰富，而且全书的布局也颇具匠心。全书以大量身边随处可见的物件作为例子，阐述了复杂的科学原理，即便是没什么化学基础的人读起来也很容易理解，而有化学专业背景的读者则可能不时露出会心一笑。可以说，本书算是深入浅出的一个典范了。

另外，作为一本科普图书，本书最大的优势就在于它的"可视化"，有许多漂亮的图片穿插其间，让阅读过程变得相当轻松。

那么，这本书究竟讲的是什么内容呢？

往大了说，它介绍了婆娑世界是怎么组成的；往小了说，它告诉了我们，在我们的目力放大数千、数万倍之后，那些平日里再熟悉不过的东西的样子是多么奇怪！读了这本书，你会惊叹于造物的神奇，更会发觉原来这个世界是如此有趣。花上一两天的时间翻翻，想来会对这个看似平凡的世界有一些全新的认识：原来，看似风马牛不相及的东西，背后居然来自于同一个本原，有一套精密的组成逻辑。你也会惊叹于化学是如何悄悄地渗透到了我们生活的每一个角落，成为现代社会不可缺少的一部分，而这正是化学的魅力所在。

所以，这本书可以看作通向化学世界的一把钥匙，或者说是化学发展的一个掠影。本书对于各个年龄段、不同知识背景的读者而言，都是相当适合的轻松读物，真正能够让你体会到"开卷有益"，各位有机会不妨抽空看看。

本书的译者都拥有化学专业背景，他们分别是：陈晟（有机化学，博士，西华大学讲师）、孙慧敏（化学，本科，果壳网科普编辑）、何菁伟（生物化学，研究生）、麻钧涵（无机化学，硕士）。刘子宁（药物化学，博士）对全文进行了仔细的审校工作，人民邮电出版社的韦毅编辑则负责全书的译稿统筹。希望通过我们的努力，这本书能够原汁原味地呈现在读者面前，带给大家一个不一样的化学世界。

陈 晟

2014 年 12 月 于成都红光镇

引　言

元素周期表是一个已经完成的体系：我们知道我们所要操心的也就只有这一百多种元素。而宇宙中究竟有多少种分子，我们却并不清楚，也不可能知道。这就类似于国际象棋里只有6种棋子，但它们可以在棋盘上摆出多少种变化，却是没法回答的问题。

哪怕是我们想要把这些分子按照一定的逻辑分组（比如说，为了写一本至少可以覆盖所有类型分子的书），这样的努力也将注定失败。分子的类型就跟分子的个数一样难以计数。这意味着我可以随心所欲地只写有趣的分子，只写能说明把分子结合成一体的、具有更深层次联系和更宽泛概念的那些分子。

如果你想从本书中寻找对化合物的"标准化介绍"，就像你在任何一本化学书上看到的那种，你会失望的。本书并不是按照"酸"或"碱"这样来分章节介绍的。当然，我确实会谈到"酸"，但会是把它和其他一些相关的东西联系起来一并介绍，这些东西是我个人认为更有趣一些的，比如说肥皂（也就是用一种强碱把一种弱酸变成水溶性的盐，这个盐就可以让油脂和水混溶起来）。

也就是说，本书更像是每个孩子都会做的那样，把很多化合物搜集起来，装进一个化学套装盒。它把很多东西都放在一起，虽然不完整，但很有趣。它会告诉你一些关于化学的世界是怎么运作的知识，以及对搜集到的这些东西的直观认识。

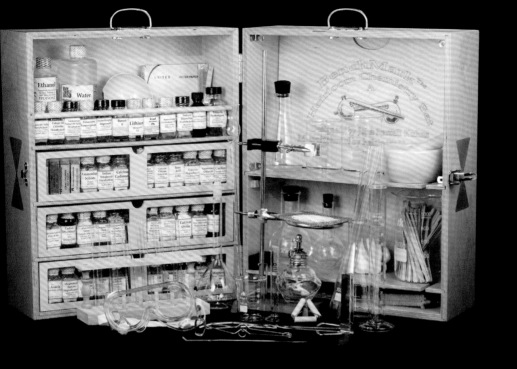

在几代人以前,化学套装盒比现在流行多了。很多老一辈的科学家都有这种遗憾:今天的孩子没有这种可以用适当的工具去发现、去学习的机会。可以试试看,用你能找到的一个典型的化学套装盒,制造一个小爆炸吧!不过,这似乎已经变得越来越困难了。在今天的世界里,尽管这些好东西不能拿到手,但你还可以做更多的探索,只不过是从套装盒转移到了互联网上而已。这个叫作"启动者"的套装盒和过去数百年中的其他套装盒一样,里头的每个物件都有被错用的可能。和本书将要介绍的东西一样,我们没必要只是因为它们都有一点点风险,就不敢去接触这些有趣的东西。同时,它和本书的另一个相似之处是它也清楚地给出了警告:粗心大意或者在对某种化合物的性质并不了解的情况下就去操作化学品,都是很危险的事情。

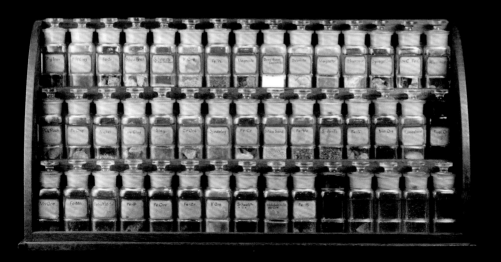

化合物的世界是如此缤纷、博大,即便是聚焦其中一个小小的分支,也足以建成一个巨大的化合物套装盒。比如,这个可爱而又年头久远的套装盒里只包括一些简单的无机化合物,以满足那些希望了解铸造过程和金属冶炼的人的兴趣。所以,它里面有各种矿石、合金、黏土、造耐火砖的材料以及其他一些类似的东西。(参见本书第6章,该章有更多关于矿石的介绍。)

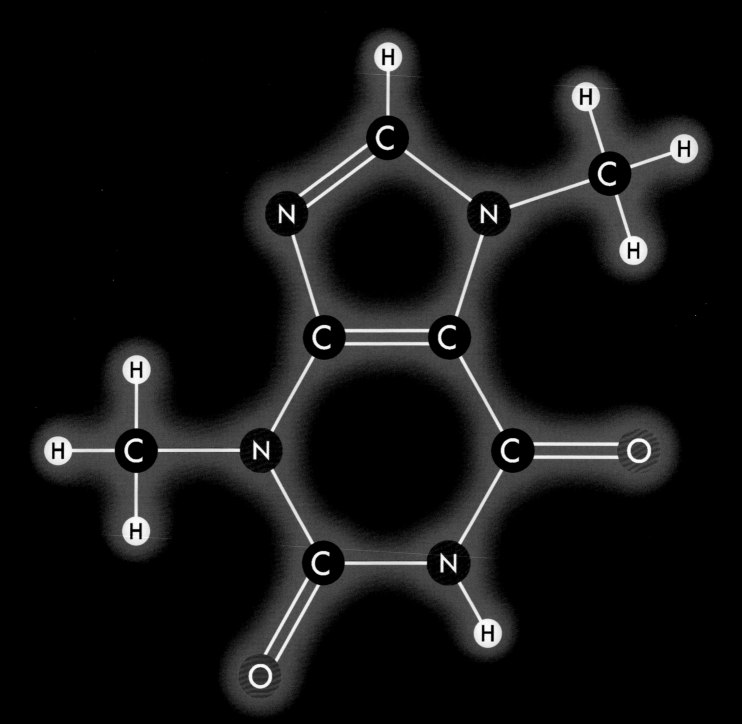

目　录

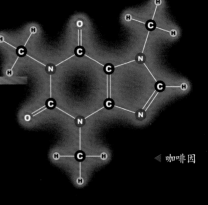

◀ 咖啡因

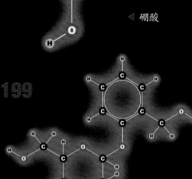

◀ 硼酸

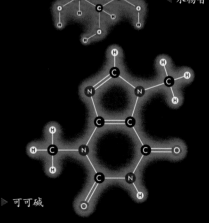

◀ 水杨苷

▶ 可可碱

第1章

元素构成的世界

在这个世界上，所有现实存在的物质都是由元素周期表中的各种元素所组成的。我为此专门写过另一本书《视觉之旅：神奇的化学元素》，介绍了每一种元素可能在什么地方能够被找到。有时候，它们仅仅以单独的元素形式存在，比如铝锅或铜线。但是通常情况下，它们都是和其他元素彼此连接而形成化合物，比如食盐（它由大量的钠原子和氯原子排列成晶格），或者是更复杂的分子，比如白糖（它由 12 个碳原子、22 个氢原子、11 个氧原子紧密结合而成）。

分子和化合物就是本书所要介绍的内容。

在日常生活中，我们所接触到的分子与化合物的总数要远超过我们所接触到的元素的数目（分子、化合物的总数多得难以数清，而我们所接触到的元素的数目不过数十种），这是因为原子之间可以按照许多种不同的方式彼此连接起来。只使用碳元素和氢元素，你就可以组成整整一类叫作"烃类"的物质，这类物质包括汽油、润滑油、溶剂、燃料、石蜡和塑料等。再把氧原子加进去，你就可以得到碳水化合物，包括糖、淀粉、蜂蜡、脂肪、去痛片、天然色素、各种塑料以及许多其他化合物。如果再多加一些元素，你就能得到创造一个活的生命体所需的全部化合物，这些化合物包括蛋白质、酶类以及生物体中所有分子的模板—— DNA。

但是，是什么让原子之间的连接变得如此多种多样？另外，为什么我要分别说"化合物"与"分子"这两个词，它们有区别吗？

◀ 仅仅用碳和氢两种元素就可以创造出数量惊人的化合物——烃类。再加入氧原子，就可以得到碳水化合物，比如这块浅褐色的冰糖。

▶ 元素周期表是一个宇宙中已知的、可能存在的所有元素的大集合。万物都是由这些种类有限的元素所组成的，但这些元素可以按照不同的方式组合在一起，从而形成数量巨大的物质。如果想了解更多有关元素的知识，可以参考我写的另一本书《视觉之旅：神奇的化学元素》。

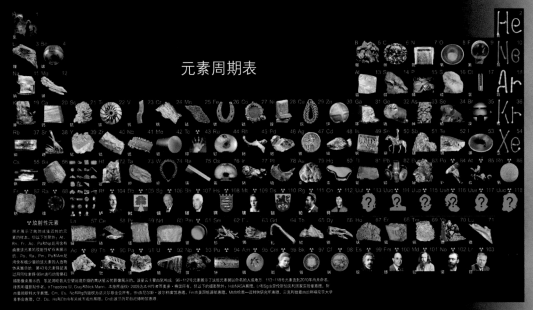

元素周期表

☢放射性元素

第1章 元素构成的世界 9

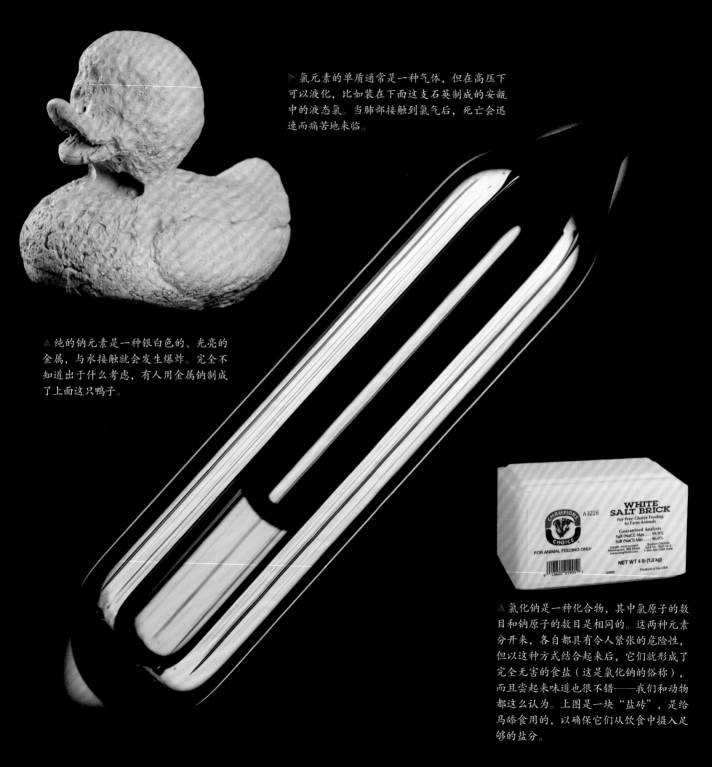

▷ 氯元素的单质通常是一种气体，但在高压下可以液化，比如装在下面这支石英制成的安瓿中的液态氯。当肺部接触到氯气后，死亡会迅速而痛苦地来临。

▲ 纯的钠元素是一种银白色的、光亮的金属，与水接触就会发生爆炸。完全不知道出于什么考虑，有人用金属钠制成了上面这只鸭子。

WHITE
SALT BRICK
For Free Choice Feeding
to Farm Animals

Guaranteed Analysis
Salt (NaCl) Max . . . 99.9%
Salt (NaCl) Min . . . 96.0%

CHAMPIONS
CHOICE
A3228

FOR ANIMAL FEEDING ONLY

NET WT 4 lb (1.8 kg)
Product of the USA

▲ 氯化钠是一种化合物，其中氯原子的数目和钠原子的数目是相同的。这两种元素分开来，各自都具有令人紧张的危险性，但以这种方式结合起来后，它们就形成了完全无害的食盐（这是氯化钠的俗称），而且尝起来味道也很不错——我们和动物都这么认为。上图是一块"盐砖"，是给马舔食用的，以确保它们从饮食中摄入足够的盐分。

▶ 仅仅是碳和氢两种元素就构成了数量惊人的化合物。在仅由这两种元素组成的分子中，已经有数十万种被人们研究过并命名，更多的则依然还没有被命名。

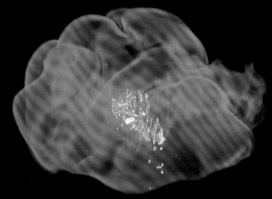

◀ 烃类化合物中包含有大量的液体：从比水还要轻的液体，到密度不同的油类，再到最黏稠的轴承润滑油脂。在每个分子中，连接在一起的碳原子的数目越多，烃类化合物的黏性就越大，到一定程度可从液体变成蜡状，最终还会变成固态的塑料。

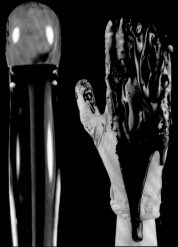

▶ 聚乙烯塑料随处可见，其应用包括轻薄的超市购物袋到复杂的防割手套。它也是一种烃类化合物，分子中只有碳原子和氢原子，没有其他元素。在它的分子中，有数十个到数十万个碳原子连接在一起。

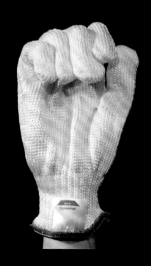

化学中最核心的力量

把化合物聚集在一起、驱动整个化学体系的是静电力。你可以把一个气球在衣服上摩擦几下，然后将气球粘在墙壁上；或者当你在某些种类的地毯上来回走过几遍之后，你的头发会直立起来——导致这些现象的同样也是静电力。

要描述这种力并不困难。所有物体都能够带上一种电荷，或者是正电，或者是负电。如果两个物体带有相同种类的电荷，它们会彼此相互排斥。如果它们带的是不同种类的电荷，则会彼此相互吸引。（这有点像磁铁，当两个北极或两个南极靠在一起时就相互排斥，但当一个北极和一个南极靠在一起时则会相互吸引。）

我们对于这种力的作用有一些了解：它们有多强，它们随着距离增加而衰减得有多快，它们能够以多快的速度在空间中传递，等等。这些细节问题可以使用高度精确、复杂的数学语言来描述。但静电力究竟是什么东西，这对我们而言依然是一个完全未解的谜。

如此基础的东西，我们基本上却是一无所知，这本身就很奇妙。不过，这并不是一个实际问题，因为能够描述这种力如何作用但并没有真正了解它，也足以让我们创造性地运用原子们彼此连接的方式了。

◀ 相同符号的两个电荷会相互排斥，而相反符号的两个电荷则会彼此吸引。这种力和重力类似，都遵循"与距离的平方成反比"的原则：如果你把两个电荷之间的距离增大一倍，则它们之间的作用力只有之前的1/4大小。

▲ 当负电荷（比如大量的电子）被储藏在这个装置的两个部分时，电荷间彼此排斥的力量就会让小针从棒上偏转开来。通过测量针偏转的角度，你就可以粗略地估计它上面带有多少额外的电荷。高级的装置则可以测出单个的电荷，并精确地测算出它们产生的力的大小。

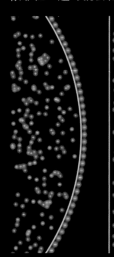

◀ 当我们把气球和其他物体（比如T恤衫）摩擦时，少量的电荷就会聚集在气球的表面。然后，当我们把气球贴近墙壁时，这些电荷就会被墙壁上带有的相反电荷所吸引，把气球靠墙更近一些，气球就会和墙壁贴在一起。你可能听说过"范德华力"这个词，是它将分子聚合在一起的：和气球的原理是一样的，只不过一个是分子大小的水平，一个是房间大小的水平而已。

▲ 一台范德格拉夫起电机可以积累大量的电荷，从而产生令人惊奇的效果。电荷转移到每一根头发上，结果就是让它们彼此排斥而分开，因为这些头发都带有相同类型的电荷。

原 子

原子都含有一个很小的、密实的原子核,核内有质子和中子。质子带有一个正电荷,中子不带电荷,所以整个原子核带有的正电荷数就等于它含有的质子的数目。

环绕着原子核的是一定数目的电子,它们带有负电荷。因为负电荷会被正电荷所吸引,所以电子被束缚在离原子核不远的地方,如果要将它们拖走则需要吸收能量。因此,我们说,电子是被它们所带的电荷约束在原子核周围一定范围内的。

原子中电子所带的负电荷数精确地等于质子所带的正电荷数,两种电荷符号相反。原子带有数量相等的电子数和质子数,总的带电荷数就是零,所以原子是电中性的。

原子核中的质子数目叫作原子序数,它确定了这个原子是什么样的。比如,你有一个核内有 6 个质子的原子,它是碳原子,你可以用它来制造石墨或钻石。如果你得到一个原子,核内有 11 个质子,那它就是钠原子,你可以把它和氯原子结合起来形成氯化钠,或者把它扔到湖里,让它跟水反应来个小爆炸。

一个原子的原子核决定了它是什么元素,但在原子核外环绕着的电子则控制着这种元素的性质。化学实际上就是在研究电子的各种行为。

▼ 你常常会看到原子的图片。下图画的是一个小小的原子核被球状的电子所围绕着。图上还画有曲线,表示电子就像行星围绕太阳转动一样,飞快地绕着原子核运动。在这样的图片上,原子核部分是没问题的,但电子并不能被简化成用小球来表示,而且它们围绕原子核的运动也与"运动"这个词最常见的含义不同。它们是非定域的物体——是一种依据概率论出现的流,用一个不寻常的、量子机制的说法来表示,就是在某个特定的时间,电子可能处在任何一个特定的地方,也可能不在那里。你描述电子的最好方法就是用数学精确地表示它们出现在某个地方的概率。这种概率分布的结果就是得到了下图中的漂亮曲线,这种曲线被称为原子轨道。电子并不是沿着这些轨道移动的,它们的形状也并不像这些轨道。这些轨道被画成这个样子,只是表示在原子核外的某个地方能找到电子的概率:越亮的区域,如果你去那里看的话,越有可能有一个电子存在。但如果你不去看,则电子在同一时刻无处不在,又到处都不在。是的,这听起来很奇怪。爱因斯坦和你一样,也不喜欢这个理论,但这个数学模型却比以往任何一个模型都更精确地描述了我们的世界。你能做的,也就是最好习惯它吧。

1s

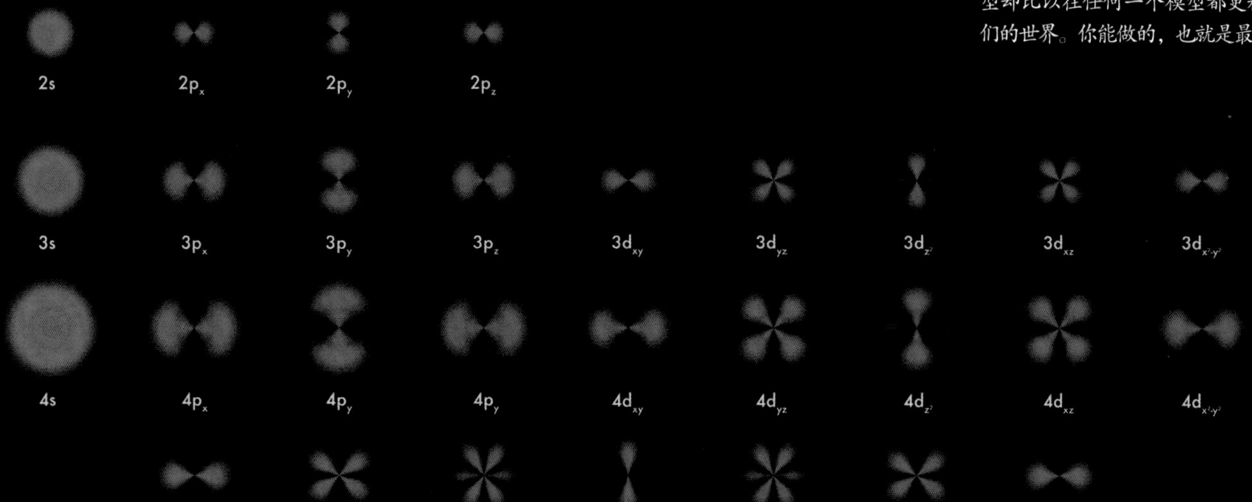

2s 2p_x 2p_y 2p_z

3s 3p_x 3p_y 3p_z 3d_{xy} 3d_{yz} 3d_{z²} 3d_{xz} 3d_{x²-y²}

4s 4p_x 4p_y 4p_y 4d_{xy} 4d_{yz} 4d_{z²} 4d_{xz} 4d_{x²-y²}

原 子

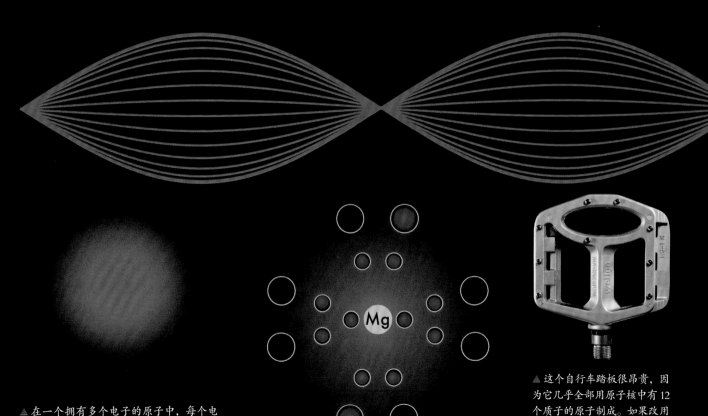

▲ 在一个拥有多个电子的原子中，每个电子都会刚好被放入一条可用的原子轨道上；

▲ 这个自行车踏板很昂贵，因为它几乎全部用原子核中有 12 个质子的原子制成。如果改用核内有 13 个质子的原子来制

电子为什么可以在同一时间内无处不在又到处都不在呢？电子和其他一些具有量子机制的物体一样，其行为有时像是一个波，有时又像是一个粒子。不妨想象一下，原子周围的空间就是小提琴的琴弦，电子有点像是施加在琴弦上的一个振动，或者说是一个波，那么，这个波在琴弦上的什么地方呢？嗯，它不在琴弦上的任何一个具体位置，同时又在琴弦上的每一个地方。这样，从某种意义上说，电子也能够以类似的方式在同一时间内无处不在又到处都不在。当电子被观测后，其行为就变得更像是一个粒子；或者用量子机制的语言来说，这个电子就被实体化、定点化了，成为一个实质性的小点。

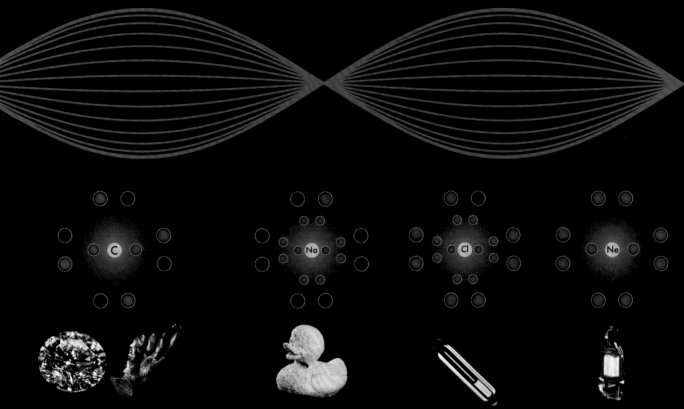

▲ 再看看这颗钻石，现在我们知道，它之所以是钻石，是因为它的原子都含有6个质子。石墨或许有一个看起来与钻石完全不同的结构，但它的每一个原子核中同样是含有6个质子，所以它也是由碳元素构成的。注意，碳原子的最外层电子层有4个价电子，同时有空间可以再容纳4个电子。这一事实对于地球上的生命至关重要，也对本书接下来的部分非常重要。

▲ 这个鸭子中的每一个原子的原子核里几乎都含有11个质子，这是钠原子，所以这就是一只用钠制成的鸭子。在它的表面上，有一些原子只有8个质子，这是氧原子，它们从空气中来，与钠原子形成了一种钠的氧化物——一种白色粉末。这只鸭子中还有一些其他原子，质子数与钠原子的不同：它们只是杂质，与这个钠制鸭子无关的一些元素。图中钠原子的最外层电子层里只有一个孤独的电子。仅凭这个事实，就足以解释钠元素的几乎所有化学性质了。

▲ 这些液态氯气中的原子都拥有17个质子。注意，氯原子的最外层电子层中缺少了一个电子。这就可以告诉你所有你想要知道的氯元素的化学性质了。

▲ 在这个指示灯中的氖气里，每个氖原子都拥有10个质子。注意，它们的最外层电子层已被填满。这就使氖成为一种极不活泼的元素：当一个元素的最外层电子层被填满时，它就处于一个自给自足的状态。

化合物

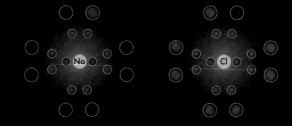

静电力将电子和质子聚集在一起组成一个原子，它同时把一个个原子聚集在一起形成化合物和分子。当一个原子中的电子数和质子数相等时，它不带有过量的电荷，所以它和其他普通的原子之间就没有静电力。为了让它们彼此连接起来，就必须把一些电子从一个原子的周围挪到另一个原子的周围，这样才能在它们之间创造出静电力。

再看看前一页的原子的图形。注意，它们中的一些（比如氖原子）的最外层电子层（也就是价电子层）是"满的"，其他原子（比如碳、钠、氯）的这一电子层则拥有空穴，也就是缺少了一些电子。每一层电子层能够容纳的电子数目是固定的（2个或者8个，这取决于是哪一层了）。内层电子层很容易被填满，所以可能就没有足够的电子来填满其价电子层了。当价电子层没有被填满时，你面对的就是一个"不高兴"的原子，这是它从周围抓取电子的最好时机。

为了获得一个被填满的价电子层，原子们都愿意走上很长的路，即便这意味着它们不再是电中性的状态了。不过，它们的确有很多可选的方式。一些原子会用额外的电子来填满轨道上的空穴，另一些原子则会把价电子层中游荡的电子扔掉几个。还有一些原子，倾向于和"邻居"分享电子，这种方式让一个电子同时满足了两个原子填满其价电子层的需要，至少是部分电子满足了这种需要。

任何时候，当你把两个或两个以上的原子彼此连接起来后，所得到的就是分子。如果这个分子中至少有两种不同的元素，它又被称为化合物。

▶ 氯原子和钠原子都非常乐意交换电子并形成氯化钠。在这里，"乐意"的意思是：当电子按照它们最倾向于的那种方式重新分布之后，这个过程释放出了大量的能量。化学反应可以通过热、光、声音的形式来释放能量。一种元素的原子越乐意结合（也就是说，当它们结合时所放出的能量越多），你在自然界里就越难找到以单独形式存在的这种元素。高反应活性的元素，比如氯和钠，根本就无法在自然界里找到：如果你看到了纯的钠元素或纯的氯元素，你就知道某人一定是费了一番周折才把它们从其所乐意与其他元素愉快的结合中硬生生地撕扯出来。

▲ 这还是钠元素（11个质子）和氯元素（17个质子）的图示。注意，它们的价电子层都未被填满。钠原子的价电子层可以容纳8个电子，但实际只有1个。氯元素的这一电子层同样可以容纳8个电子，而实际缺少1个。钠原子和氯原子对于这种状况都很"生气"，所以它们都是高反应活性的物质，会"恶毒地"攻击它们周边的一切东西。钠会撕碎它附近的任何水分子，而如果你吸入氯气的话，它就会撕裂你的肺泡来满足自己对电子的需求。

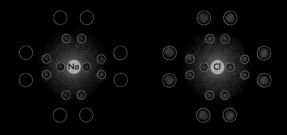

▲ 如果把一个电子从钠原子里夺走而交给氯原子，就可以解决它们各自的问题，因为这样氯原子和钠原子都有了被填满的电子层（图中，钠原子周围全空的价电子层只是为了表示电子过去曾在那里待过，其内层电子层则是被填满了的）。一旦电子转移，钠原子就会带上正电荷，而氯原子会带上负电荷。因为这两个原子现在带有相反符号的电荷，它们就会彼此吸引，粘在一起，形成了一种叫作氯化钠（俗称食盐）的化合物。

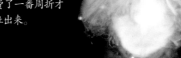

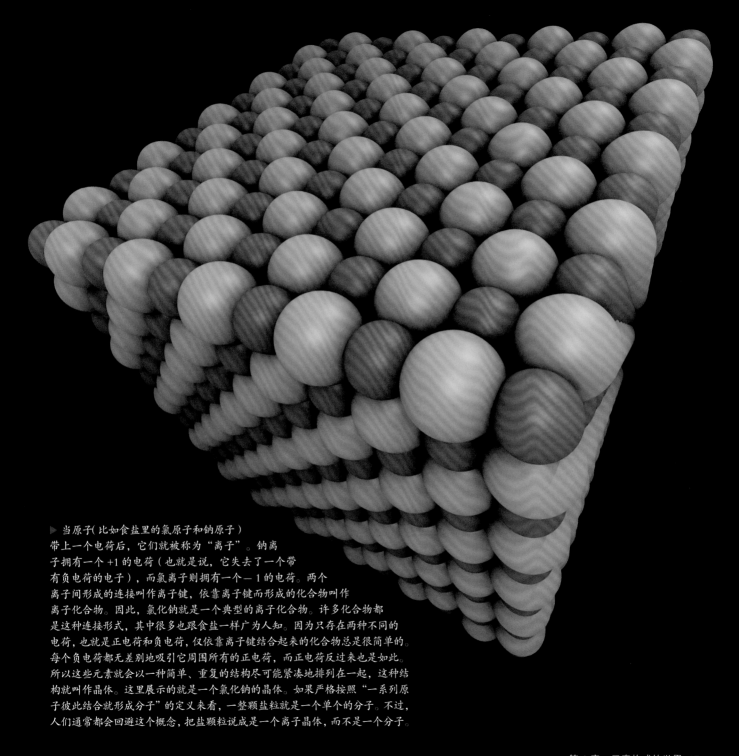

▶ 当原子(比如食盐里的氯原子和钠原子)
带上一个电荷后，它们就被称为"离子"。钠离
子拥有一个 +1 的电荷（也就是说，它失去了一个带
有负电荷的电子），而氯离子则拥有一个— 1 的电荷。两个
离子间形成的连接叫作离子键，依靠离子键而形成的化合物叫作
离子化合物。因此，氯化钠就是一个典型的离子化合物。许多化合物都
是这种连接形式，其中很多也跟食盐一样广为人知。因为只存在两种不同的
电荷，也就是正电荷和负电荷，仅依靠离子键结合起来的化合物总是很简单的。
每个负电荷都无差别地吸引它周围所有的正电荷，而正电荷反过来也是如此。
所以这些元素就会以一种简单、重复的结构尽可能紧凑地排列在一起，这种结
构就叫作晶体。这里展示的就是一个氯化钠的晶体。如果严格按照"一系列原
子彼此结合就形成分子"的定义来看，一整颗盐粒就是一个单个的分子。不过，
人们通常都会回避这个概念，把盐颗粒说成是一个离子晶体，而不是一个分子。

分 子

钠原子和氯原子能够形成离子键，是因为氯原子非常乐意再额外获得一个电子，而钠原子也很乐意丢掉一个对它而言多余的电子。其他一些原子就没有这么强烈的愿望了，与获取或丢弃一个电子相比，它们更倾向于彼此之间分享电子。当原子之间分享一个或多个电子时，它们就形成了共价键。

共价键可以产生更复杂的结构，因为它们的电子存在于特定的一对原子之间，而不像离子键那样电子仅为一个原子所有。

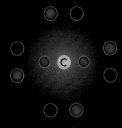

▲碳原子的电子层里只有 4 个电子，但它却打算要 8 个。这就意味着它通常和其他 4 个原子结合，共享电子，以让电子层都被占满。

▲氢原子的电子层里只有一个电子，但它却打算要两个。这就意味着它只会和一个原子结合起来。

每一类原子愿意与其他原子分享的电子个数都是特定的。比如，碳原子的价电子层缺少 4 个电子，所以它就愿意和其他原子分享 4 个电子，这样就可以看作它的这一电子层已经被填满了 8 个电子。而氧原子只想分享 2 个电子。氢原子则是难以置信地慷慨：它虽然只有 1 个电子，但却乐于和其他原子分享这个电子。

这些规则使原子们可以像乐高积木一样以特定的方式扣合在一起。当它们这样做了之后，形成的东西就叫作分子。

▶这个有点模糊的示意图并没有反映出一个甲烷分子中电子的真实分布情况，但它却可以让你方便地数出其中的电子个数，看出它们是如何填满原子的价电子层的。更学术一点的表示方法叫作"路易斯点状结构图"。每个点都表示价电子层中的一个电子。你可以在化学教科书里看到路易斯点状结构图，用于解释各种原子为何以某种特定的方式结合起来。

▶无论是用示意图还是路易斯点状结构图，想要把组成分子的原子中的每个电子都表示出来是很不切实际的。因此，我们会用你在化学教科书里常看到的那种方式来画出分子，也就是用线条来表示共享的电子。每一根短线都表示一对被用来共享的电子。我在这些线的周围都留下了柔和的光晕，这是为了强调它们仅仅是一种象征性的符号，而不是原子真正的样子。在一个真实的原子中，既没有线也没有杆，这只是一个示意图而已，实际上是四处弥漫的电子在原子核之间游荡，通过静电力将原子核粘在一起。

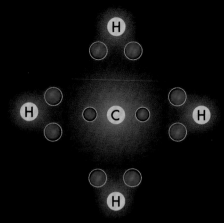

▲当 4 个氢原子和 1 个碳原子结合起来后，结果就是所有的原子都变得"心满意足"了。碳原子的价电子层挤满了 8 个电子，其中 4 个电子来自于碳原子自身，另外 4 个电子则分别来自于 4 个氢原子。而碳原子则假装这 8 个电子都属于它，进而创造出一个被填满的电子层。同时，每个氢原子也都假装拥有 2 个电子，用以填满其电子层。按照这种方式结合起来的这一堆原子，就叫作"甲烷分子"。

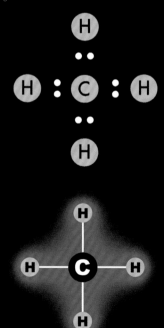

▶ 两个碳原子之间可以彼此分享 1 个、2 个或 3 个电子，从而形成单键、双键或三键的连接。每分享 1 个电子，碳原子就要在用来连接的 4 个"空槽"中占用 1 个。剩下的空槽，通常由氢原子来填满。多重的键要比单键更坚固、更短，但也更活泼。右边的这些化合物依次是可燃的气体乙烷（单键）、易燃的气体乙烯（双键）、易爆炸的气体乙炔（三键）。

▶ 碳原子最好的把戏之一是它可以被组装成任意尺寸的环形。其中，6 个碳原子组成的环特别常见，也特别重要。注意，在右边的第 1 个例子（环己烷）里，每个碳原子有 2 个氢原子与之相连，而在第 2 个、第 3 个例子（都是苯）里，则只有 1 个氢原子与之相连。这是因为苯里的每个碳原子会和它的 2 个"邻居"都平均分享 1.5 个电子，而环己烷中的碳原子则只会分享 1 个电子。在有机化合物的世界里，随处都可以看到苯的身影。虽然你常常看到它们被画成 3 根单键、3 根双键交替连接成环的样子（就像我在最右边画的那样），但这只不过是一种想象而已。实际上，这 3 个多出来的成键电子平均地分布在这个环的中间。所以我在环间画一个圆圈，能更准确地表示苯的结构。两种表示方法都很常用，但在本书中，我将只会使用画圆圈的这种，因为我觉得它看起来更好，也更容易交流。

▶ 本书中，大多数有趣的化合物都仅由几种原子组成。为了说明组合的可能性有多大，举一个例子：仅仅使用 4 个以内的碳原子和氢原子就能有多少种结合方式？整整 50种！其中一些结合方式是很常见的，另一些是很少见的，还有一些则是几乎不可能完成的。这其中的大部分都已经被实际合成出来，并被研究和命名过了。

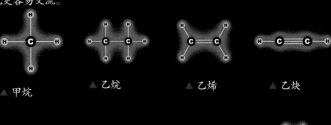

▲ 乙烷　　　▲ 乙烯　　　▲ 乙炔

▲ 环己烷　　　▲ 苯　　　▲ 苯

▲ 甲烷　　　▲ 乙烷　　　▲ 乙烯　　　▲ 乙炔

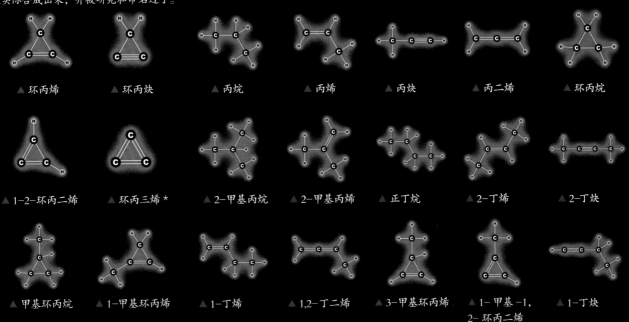

▲ 环丙烯　　▲ 环丙炔　　▲ 丙烷　　▲ 丙烯　　▲ 丙炔　　▲ 丙二烯　　▲ 环丙烷

▲ 1-2-环丙二烯　▲ 环丙三烯 *　▲ 2-甲基丙烷　▲ 2-甲基丙烯　▲ 正丁烷　▲ 2-丁烯　▲ 2-丁炔

▲ 甲基环丙烷　▲ 1-甲基环丙烯　▲ 1-丁烯　▲ 1,2-丁二烯　▲ 3-甲基环丙烯　▲ 1- 甲基 -1, 2- 环丙二烯　▲ 1-丁炔

分 子

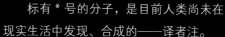

标有 * 号的分子，是目前人类尚未在现实生活中发现、合成的——译者注。

△ 四面体丁二烯 *

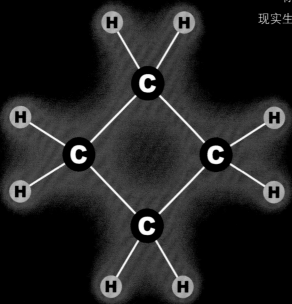

△ 环丁烷

△ 1,3-环丁二炔　　△ 环丁四烯　　△ 四面体丁烷 *

△ 1,3-环丁二烯　　△ 环丁三烯　　△ 1-环丁烯-3-炔

△ 双环 [1.1.0]　　△ 双环 [1.1.0]　　△ 双环 [1.1.0]
丁-1（2）烯　　丁-1,2-二烯　　丁-1,3-二烯

△ 1,3-丁二炔　　△ 四面体丁烯 *　　△ 环丁烯　　△ 环丁炔　　△ 1,2-环丁二烯　　△ 双环 [1.1.0] 丁烷　　△ 双环 [1.1.0]
丁-1（3）烯

    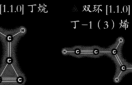

△ 1,3-丁烯二烯　　△ 丁三烯　　△ 3-甲基环丙炔　　△ 亚甲基环丙烷　　△ 3-乙烯基-环丙烯　　△ 3-乙烯基-
环丙炔　　△ 1-丙烯-3-炔

原子的建筑学

就像我们刚才看到的那样，化学示意图可以展示出原子彼此间是如何连接起来的。原子构成的分子看起来是扁平的，但事实却根本不是这样：分子都是有三维形状的物体。不过，人们将分子的结构画成平面图，可以让我们更容易地理解每一个原子是如何与它周围的原子连接起来的，所以人们通常就都这么画了。

实体模型可以显示分子真实的、三维的形状。计算机效果图也有同样的作用，特别是当分子结构在计算机屏幕上展示时，可以被随意地旋转、放大和缩小，更有助于我们理解。

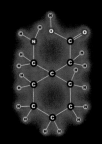

▷ 这个加巴喷丁的球棍模型是塑料做的，可以相当好地展示其三维构型。但你要将它转过来，换一个角度去看，才能看到其中一些被遮住的部分。和分子的平面示意图类似，那些小棍是虚构的：真实的分子中，既没有小棍也没有球体。

▲ 图中的分子叫作加巴喷丁，是一种治疗神经痛的药物，图中展示了它的分子里的原子是如何连接起来的。这张图在逻辑上体现出了加巴喷丁的分子中有哪些类型的原子，以及这些原子彼此间是如何连接起来的。但是，这张图根本没有展示出它的三维结构。

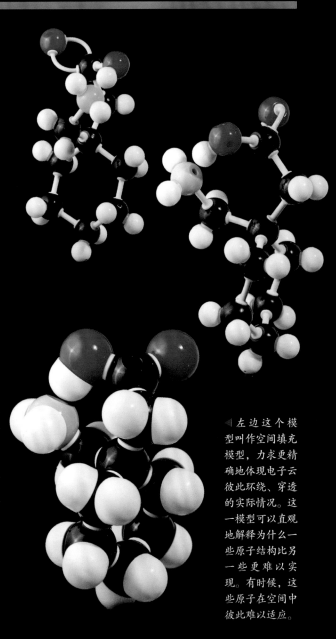

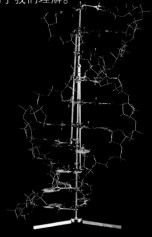

▲ 目前，化学家们依旧还在使用实体模型来展示相对较小的分子。但在计算机承担展示大分子的任务之前，他们也为大分子制作实体模型。这个模型就是由弗朗西斯·克里克和詹姆斯·沃森共同制造的一小段 DNA 的模型，展示了其中的原子是如何恰当地彼此连接起来的。当他们最终得到正确答案之后，就用这个模型向全世界展示：DNA 是一个双螺旋结构。

◁ 左边这个模型叫作空间填充模型，力求更精确地体现电子云彼此环绕、穿透的实际情况。这一模型可以直观地解释为什么一些原子结构比另一些更难以实现。有时候，这些原子在空间中彼此难以适应。

可能性大爆炸

在第3章里，我们将会展示化合物的合成为何会使每个知道宇宙大爆炸理论的人重新、更深刻地思考"生命"这个问题。

即便只涉及8种原子，化学也可以变得如此令人惊奇。有机化学和生物化学的整个领域几乎都在和碳、氢、氧、氮、硫、钠、钾、磷这些元素打交道，时不时也会遇到少量其他一些元素。

在无机化合物中，同样显示出了元素的多样性，但说实话，无机化合物中有趣的物质在整个化学之屋里大概只能占到一个小角落（抱歉，无机化学家们）。现代的化学活动真正的是以碳为中心的，因为碳是生命的元素——它是构建大分子最基本的砖块，而这些大分子是和生命体密切相关的。

在第4章里，我们将学习脂肪酸是如何让你保持清洁的。

在第5章里，我们会学到这些东西为何会黏得如此令人讨厌。

在本书接下来的部分里，我们将访问化学之屋，一个由元素构成的屋子。它由可爱的分子们来装饰，有机的和无机的、安全的和不安全的、受人喜欢和被人厌恶的都有。就像每一种生命体在自然界都有一个位置和一种角色一样（即便蚊子也有），每一种化合物都应该被了解和赞赏，它们对丰富这个自然世界同样作出了贡献，即便是硫柳汞也一样（硫柳汞是一种消毒剂的主要成分，曾被误认为导致了疫苗接种而产生的严重不良反应——译者注）。

在第2章里，我们将了解乙醚以及化合物为何有3种名字。

在第6章里，我们会知道这些化合物是从哪里来的。

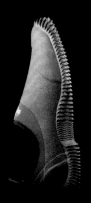

▲在第 7 章里，我们将学习一个形状像鞋子的分子。

▲在第 8 章里，我们将学习这些用来注射的飞镖是什么东西以及领略罂粟的魔力。

▲在第 9 章里，我们将知道在这些茶碗中为什么有一个茶碗会比其他的茶碗小那么多。

▲在第 10 章里，我们将明白为何天然的香草精带有放射性，而人工合成的香草素则没有。

▲在第 11 章里，我们将知道这个装置是干什么用的。

▶在第 12 章里，我们将知道为什么漂亮的色彩对于一个分子而言是很不常见的事情。

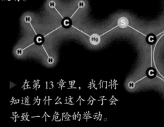

▶在第 13 章里，我们将知道为什么这个分子会导致一个危险的举动。

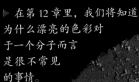

MARTKQTARK
STGGKAPRKQ
LATKAARKSA
PATGGVKKPH
RYRPGTVALR
EIRRYQKSTE
LLIRKLPFQR
LVREIAQDFK
TDLRFQSSAV
MALQEASEAY
LVGLFEDTNL
CAIHAKRVTI
MPKDIQLARR
IRGERA

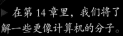

▶在第 14 章里，我们将了解一些更像计算机的分子。

名字的魔力

第2章

我决定去上一门有机化学课程的理由似乎有点太傻了：我喜欢这些化合物的名字。这些名字听起来并不是很响亮，但把它们组合在一起形成一个体系，就会和知识中深邃而美丽的那一部分直接联系起来。当我细想过这些名字的来历以及它们是如何用一个名字给另一个名字赋予含义后，我第一次感受到给一个事物命名所带有的魔力。

就像T.S.艾略特（艾略特，美国诗人，诺贝尔文学奖获得者。他的一部作品被改编为歌剧《猫》——译者注）对猫的形容那样，许多化合物也有3个名字。

如果一些化合物已经久为人知，它们就会有一个古老的、炼金术上所用的名字。这个富有诗意的名字通常是用来描述这种物质是从哪里来的，而不是描述它是什么东西，因为回到炼金术时代，没人知道它是如何发生作用的。

比如，在炼金术的语言中，"矾石之甜油"是把"酒之精华"与"矾石之油"一起蒸馏后所获得的。（而矾石之油，你可能不知道，是通过焙烧绿矾而获得的液体。当你加热一杯酒时，最先挥发出来的东西就是酒精。）

我喜欢这些名字，想象着它们来自于巫术和魔法药剂，但它们不能告诉你这些名字所代表的物质的自然属性。

◀ 一种可怕的、冒烟的物质。它的名字是什么？

◀ 虽然炼金术士在今天普遍被认为是迷信的庸才，居然试图把铅变成黄金，但他们的确是大自然严肃的学生，许多早期的科学发现都是他们所为。他们在18世纪时，就大致地构建了现代化学科学的基础。

炼金术中的名字

这里是两个用炼金术中的名字书写的化学反应式。这些名字听起来很美，但它们的真实意思是什么呢？注意，在第二个反应中，"矾石之油"在反应式两边都出现了，说明它并没有在这个反应中真正地被消耗掉或者发生了变化，但必须有它的存在，"酒之精华"才能转化。为什么？

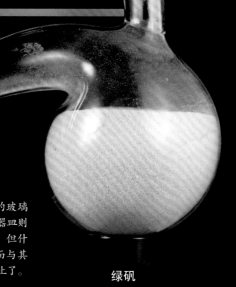

▶ 在这张图中，绿矾被放在一个现代的玻璃曲颈烧瓶中，而在古代，人们所使用的器皿则是它的古老版本：不透明的泥制烧瓶。但什么是绿矾？这个名字与其历史有关，而与其他化合物的名字无关。这名字就到此为止了。

绿矾

矾石之油

+

酒之精华

+

◀ 将酒蒸馏成为"酒之精华"是最古老的化学过程之一。它主要是用物理手段将两种化合物——水和"酒之精华"——分离开来。你可能已经猜到"酒之精华"在今天的名字了吧。

加热

"矾石之油"（Oil of vitriol），一种可怕的、冒烟的物质，它的名称是"刻薄的（vitriolic）"这个词的来源：当你听到政客之间的谈话时，他们本应像个文明人那样说话，但实际上说的却是一堆恶毒的、怒气冲冲的批评之词，"刻薄的"就是这个意思。这个词像是一幅画，把政客和这种特殊物质的样子都精确地描述出来了。不过,什么是"矾石之油"呢？

加热

矾石之油

矾石之油

矾石之甜油

"矾石之甜油"的确是有甜味的，但它这种有诱惑力的性质也会很危险。

通用名

今天，被人们广泛使用的化合物都有一个通用名，这些名字为大家所熟悉并用在贸易之中。比如，今天我们已经知道，所谓的"矾石之油"，就是电池酸液、铅室酸或格洛弗塔酸，具体为哪一个主要取决于它的浓度。你可能已经听说过"电池酸"这个名字。虽然这个名字说明了它的用途，但它说明了任何有关这个物质本身是什么的信息了吗？

"矾石之甜油"的商品名叫作

乙醚，在过去曾被用于手术麻醉。绿矾没有一个现代的通用名称，但有时候它的矿物形式很出名，叫作四水白铁矾。

而"酒之精华"当然就是酒精啦。同样，这个名字家喻户晓。你也许听说过酒精和"木精"之间有个重要的差别，但这个差别是什么呢？

要真正了解这些物质，你需要知道它们的第3个名字——那种能给你征服一个物质的魔力的名字。

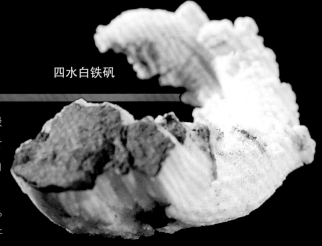

四水白铁矾

▲ 四水白铁矾是绿矾的矿物形式。我还没告诉你它到底是什么呢。

▶ 以这种方式书写，对我们来说，这个反应就显得熟悉多了，但它们依旧不能展现反应的整个过程。为什么电池酸加上烈酒就会产生一种能让你失去知觉的气体？好吧，也许它们确实描绘了一种场景，但是从化学角度来说，为什么它们能产生这样的结果？

电池酸	酒精	加热

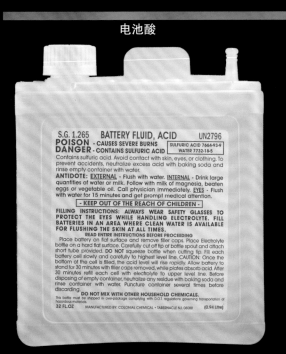

▲ 你能买到的供人使用的、最纯的酒，由95%的酒精和5%的水组成。（酒精饮料的"牌号"就是酒精的百分含量乘以2，所以这种酒就是190号的酒。）

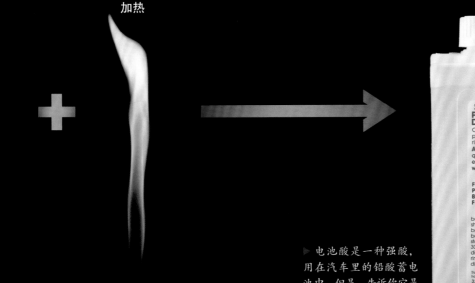

加热

电池酸

▶ 电池酸是一种强酸，用在汽车里的铅酸蓄电池中。但是，告诉你它是干什么用的，并不等于告诉了你它是什么东西。

电池酸

▶ 作为第一种用在外科手术中的"麻醉药"，乙醚是医学史上一个惊人的发展。在19世纪中期乙醚麻醉药被引入之前，手术的标准程序是患者先喝白兰地，再紧紧咬住什么东西，然后期盼自己的手术能够进行得很快、很快，因为患者不得不忍受每一刀切下去所带来的痛苦。

乙醚

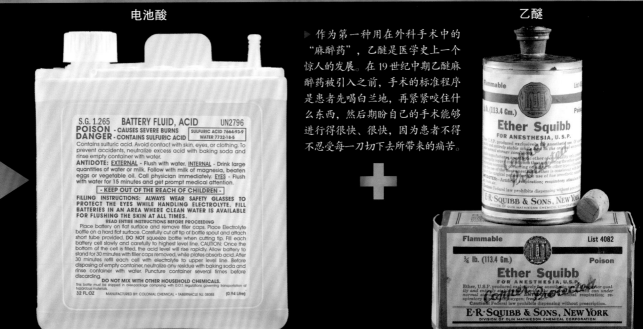

系统命名法

在 19世纪早期，人们已经很清楚，化合物只是原子们按照不同的、特定的比例组合起来的物质而已。比如，今天我们明确地知道，绿矾的分子是由1个铁原子、1个硫原子和4个氧原子组成的。此外，我们知道4个氧原子牢固地结合在硫原子上，这5个原子组成的原子团再以一种不同的方式结合到铁原子上。

在现代的系统命名法中，绿矾的这些信息被编码到了不同的部分，即：硫酸亚铁，或者是它的化学式 FeSO₄。让我们来细致入微地看看这个特别的名字。

"硫酸根"通常指一个原子团中的4个氧原子围绕着1个单独的硫原子，这是"SO₄"的部分。你会发现"硫酸"这个名字被嵌入许多化合物的名字之中（我们稍后就会看到）。"铁"，当然指的是铁离子，它的符号因为历史原因被写为"Fe"。而"亚"指的是这个化合物中铁原子所携带的电荷数是 +2，这意味着铁原子在形成这个化合物时丢掉了两个电子。

本页及下页反应中的每一个化合物都有一个现代的名字，体现了人们对它们真实的自然属性的深层次理解。在接下来的几页中，我们将看到有关每一个化合物更多的细节信息。系统命名法能帮助我们了解物质，而更重要的是，我们要理解，为什么它们会按照特定的、可重现的方式，把自己转变为别的物质。

这种命名所拥有的力量就是化学的核心所在。

▶ 运用现代的系统命名法和化学式，我们就可以弄清楚这个反应到底发生了什么：反应式的两边所出现的原子数目都是严格相等的（也就是说，这个方程式是平衡的）。这些原子只是被简单地重新安排到不同的基团中，形成了新的化合物。看看在下面这个反应中，两个小分子的乙醇是如何融合成一个大分子的乙醚并因此而留下一个水分子的。它解释了很多东西！H₂SO₄（硫酸）为何在反应式的两边都出现，并未显出任何变化？这意味着它是一个催化剂，促使这个反应发生，但自身并没有在反应过程中有消耗（除了它被反应中产生的水所稀释，浓度变得越来越低之外）。

▶ 加水焙烧绿矾（硫酸亚铁），可以产生"矾石之油"（硫酸），实际上就是这个反应。

▶ 将"矾石之油"（硫酸）和"酒之精华"（乙醇）一起加热，实际上就是：

▲ 硫酸
H_2SO_4

▲ 乙醇
CH_3CH_2OH

▲ 乙醇
CH_3CH_2OH

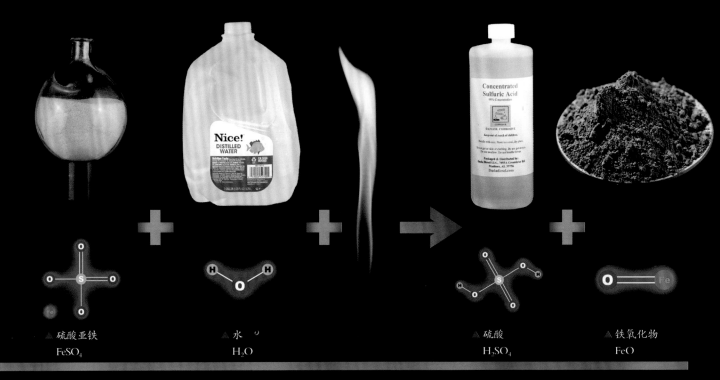

△ 硫酸亚铁　　　△ 水　　　△ 硫酸　　　△ 铁氧化物
FeSO$_4$　　　H$_2$O　　　H$_2$SO$_4$　　　FeO

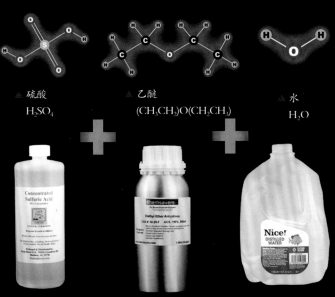

△ 硫酸　　　△ 乙醚　　　△ 水
H$_2$SO$_4$　　　(CH$_3$CH$_2$)O(CH$_2$CH$_3$)　　　H$_2$O

◁ 现在，每种化合物的化学特性我们都已经很清楚了，它们可以被分离、提纯并独立地包装起来。这些物质都已经商品化，不过，有意思的是乙醚比纯乙醇便宜，这主要是因为税的问题。（很多"可饮用"酒精饮料都已经背上了很重的税，所以几乎所有的"非饮用"酒精都已经"变性"被加入了 5% 左右的甲醇和异丙醇，这两个成分都是有毒的。这些酒精带有毒性后，商家销售时就可以不缴那么重的税了。而供人饮用的酒精通常都含有 5% 的水，因为如果要将这剩余的水都提纯成本会很高，而且如果确实是拿来饮用的话，也没有必要提纯。如果你需要纯的酒精，你就不得不支付税款以及除去水分所需要的高额费用。）

△ 可能你已经注意到了，我们在上面的反应中加了一个额外的化合物 FeO，也就是氧化亚铁。这是一个很粗略的表述，因为这个反应更像是产生了不同的铁氧化物的混合物，就像三氧化二铁（Fe$_2$O$_3$）或四氧化三铁（Fe$_3$O$_4$）等，但这并不重要，重点是我们知道了这些反应物和产物的化学式就能预测到这个反应不可能完全进行。老式的名字无法捕捉到反应的真相和本质：所有物质都是由元素构成的，而这些元素是守恒不灭的。你加入反应中的任何东西都必须精确地与产出的东西平衡，因为化学是一个将原子重新排布的游戏，而不是创造或者毁灭原子的过程。

名字将把你带到哪里——盐类

系统命名法的优点在于它能将反应中的变化显示出来。从绿色的二价铁离子的硫酸盐（$FeSO_4$）开始，把"二价"变成"三价"，你就得到了黄色的粉末：硫酸铁 $[Fe_2(SO_4)_3]$。每一个硫酸根（$-SO_4$）基团依然是带有 2 个单位的负电荷，但每一个铁离子带有 3 个单位的正电荷，为了让整个分子的电荷加起来总和为零，你就需要为每 3 个硫酸根离子结合 2 个铁离子。

如果把铁原子换成铜原子，就得到了硫酸铜，它会长成巨大的、可爱的蓝色晶体。如果用碳酸根（$-CO_3$）替代硫酸根，就得到了碳酸亚铁，它是一种带有灰色光泽的晶体。如果把两者都换掉，得到的就是碳酸铜，一种绿色的铜锈。

所有这些化合物都是矿物盐的代表。依据它们的系统命名，你能够准确地说出它们由哪些元素以什么比例来组成。

▶ 硫酸铁

▼ 硫酸根基团同比例地加上铁离子，就得到了一种绿色的物质，被人们称为绿矾、含铁的硫酸盐、硫酸亚铁以及四水白铁矾矿石。

▲ 把铁离子和硫酸根以 2∶3 的比例结合起来，就得到了一种淡黄色的粉末——硫酸铁。它也有很多矿物学上的名字，不过这些矿石都不怎么常见，而且都混合了其他化合物。

▼ 硫酸亚铁

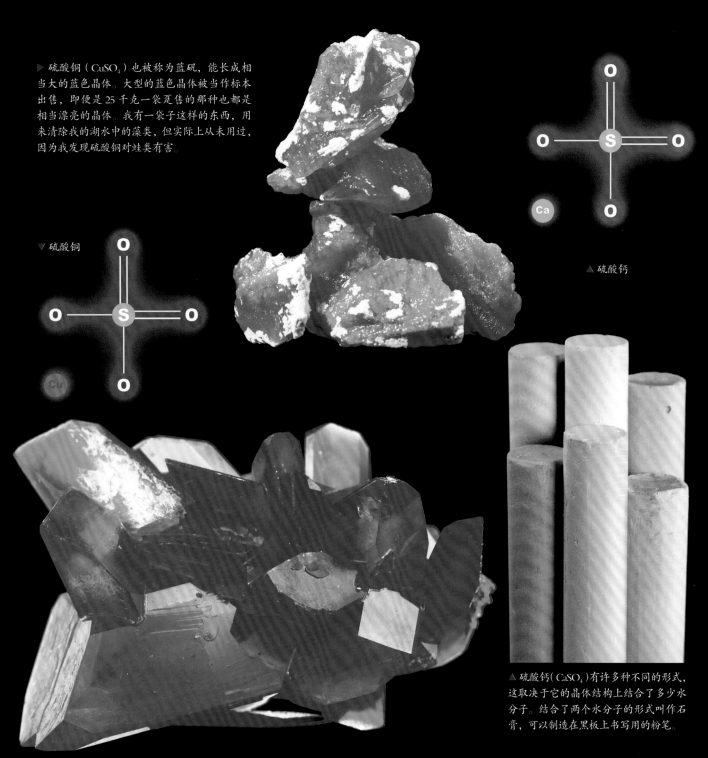

▶ 硫酸铜（$CuSO_4$）也被称为蓝矾，能长成相当大的蓝色晶体。大型的蓝色晶体被当作标本出售，即便是 25 千克一袋贱售的那种也都是相当漂亮的晶体。我有一袋子这样的东西，用来清除我的湖水中的藻类，但实际上从未用过，因为我发现硫酸铜对蛙类有害。

▽ 硫酸铜

▲ 硫酸钙

▲ 硫酸钙（$CaSO_4$）有许多种不同的形式，这取决于它的晶体结构上结合了多少水分子。结合了两个水分子的形式叫作石膏，可以制造在黑板上书写用的粉笔。

名字将把你带到哪里——盐类

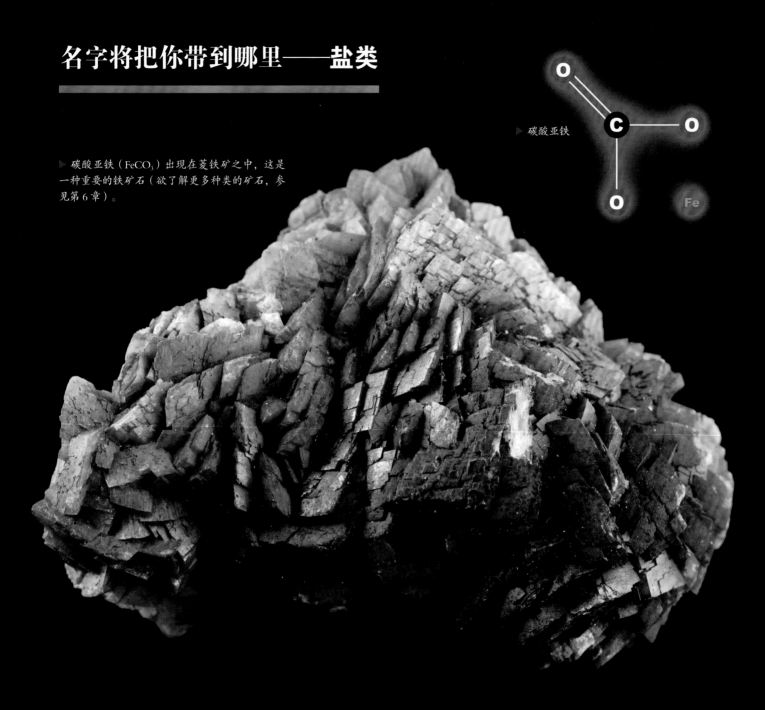

▷ 碳酸亚铁（$FeCO_3$）出现在菱铁矿之中，这是一种重要的铁矿石（欲了解更多种类的矿石，参见第6章）。

▷ 碳酸亚铁

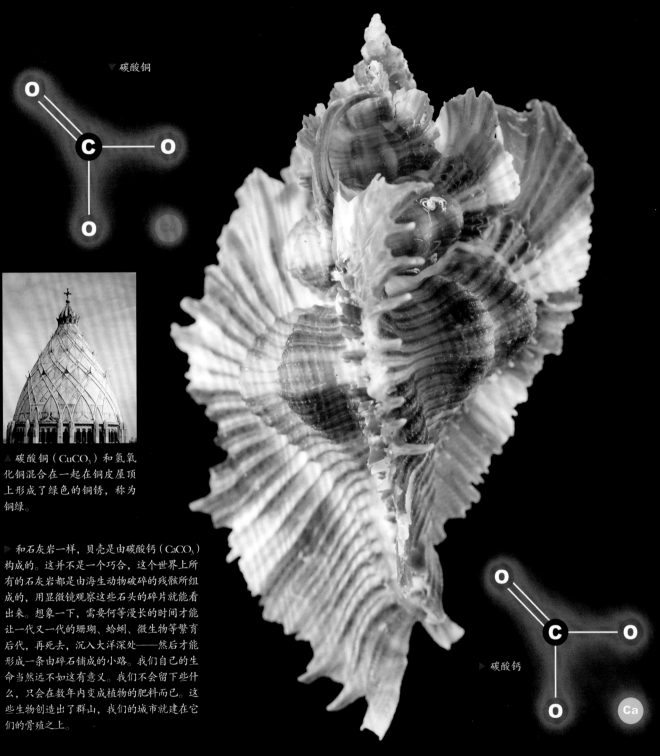

▼碳酸铜

▲碳酸铜（CuCO₃）和氢氧化铜混合在一起在铜皮屋顶上形成了绿色的铜锈，称为铜绿。

▷和石灰岩一样，贝壳是由碳酸钙（CaCO₃）构成的。这并不是一个巧合，这个世界上所有的石灰岩都是由海生动物破碎的残骸所组成的，用显微镜观察这些石头的碎片就能看出来。想象一下，需要何等漫长的时间才能让一代又一代的珊瑚、蛤蜊、微生物等繁育后代，再死去，沉入大洋深处——然后才能形成一条由碎石铺成的小路。我们自己的生命当然远不如这有意义。我们不会留下些什么，只会在数年内变成植物的肥料而已。这些生物创造出了群山，我们的城市就建在它们的骨骸之上。

▷碳酸钙

名字将把你带到哪里——酸类

与硫酸亚铁（$FeSO_4$）类似，硫酸（H_2SO_4）中含有一个由1个硫原子、4个氧原子组成的基团，但这个基团是和2个氢原子松散地结合起来的，而不是与一个铁原子结合。这种与氢原子松散的结合使它成为了一种酸。

"酸"这个词，仅特指那些在溶于水之后能释放出氢离子（H^+）的物质。这些氢离子可以腐蚀人的皮肤，或者其他什么与之接触的东西。而交出氢离子后剩下的部分也很重要，它决定了可以释放出多少氢离子来（也就是这个酸的酸性到底有多强）。

酸类的范围很大，按照释放氢离子的难易程度来划分，从完全释放的强酸，到仅仅释放一点儿分子中所携带的氢离子的弱酸都有。它们可以是烈性的化合物，也可以是温柔甚至精妙的有机化合物，这取决于是什么样的分子来释放氢离子。

△ 盐酸

△ 如果你把硫酸（H_2SO_4）中的硫酸根（$-SO_4$）替换成氯离子，你就得到了HCl，也就是氢氯酸，它也是一种烈性的、冒烟的、具有强腐蚀性的酸，在大概一天的时间里就可以将你完全溶化。我们这里看到的是浓盐酸，它在销售时常用的通用名是"盐酸"。图中的盐酸被倒在了一块在小路上随处可见的砾石（也就是石灰岩）上。酸会腐蚀石灰岩。

◁ 硫酸

▷ 麦角酸二乙胺

▷ 电池酸，也就是30%的硫酸水溶液。这个名字源于它被广泛用于铅酸蓄电池中。这种电池被用来启动汽车、摩托车和其他交通工具里的发动机。它可以产生很强的电流，进而可让发动机运行起来。不过铅酸蓄电池都非常沉，其重量取决于那些浸没在酸液里的铅板。

△ 一些酸非常危险，是因为它可能腐蚀你的皮肤。而上图这种酸也非常危险，是因为它可能让你啃掉自己的皮肤。LSD在化学上被称为麦角酸二乙胺，这种"酸"常见于如下的对话中："嗨，哥们儿，让我们嗑点酸吧！"它实际上是一种弱酸，而这个"酸"字其实很难正确体现其结构。这里展示的物品叫作"吸墨纸"，它浸泡过LSD，被有些人用于吸毒（图中所示的这个吸墨纸仅仅是一个艺术品，并不含有任何毒品的成分，所以非常适合那些怀旧的嬉皮士们收藏。）

▶ 柠檬酸是一种很弱的有机酸，正是它赋予了橘子、柠檬、橙子以及其他水果强烈的酸味。在这些水果中还能找到另一种有机弱酸——抗坏血酸，也被称作维生素 C。它是一种人体必需的营养成分，没有它，人类就不能健康地生活。

▶ 柠檬酸

▼ 抗坏血酸

名字将把你带到哪里——酒精

在我们讨论的这些化合物中，酒精，也就是乙醇，最有潜力把我们带到有趣的地方去（这当然不仅是因为它能让人类和其他哺乳动物喝醉）。它是有机化合物中的一个例子，这类化合物已经被人们研究和命名的有很多很多了（在第3章中，我们将会知道更多关于有机化合物如何构成的细节信息）。

在第19页和第20页，我们已经看到，仅仅使用碳原子和氢原子就能构成许多化合物。如果再往这一堆东西里加入氧原子，就能得到其他一些东西了——乙醇就是一个例子。这些化合物中包括了醇、醛、酮、酸和酯等。

最初正是这些特定的成系列的名字让我对有机化学产生了兴趣。接下来我会展示给你看，它们是如何彼此联系起来，产生出一系列复杂程度逐渐增高的化合物的。这也就是化学家们对分子的思考方式：使用几个世纪以来不断发展的技术把它们结合在一起，正如积木能够以许多种方式彼此搭接起来一样。

甲醇

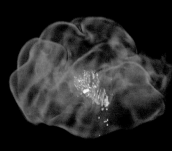

如果用一个以上的原子来构建分子，所得的最简单的东西就是氢气（H₂）。氢是一种元素，但在室温下，它的纯的存在形式总是两个氢原子成对出现，所以，很多时候它既是元素，同时也是分子。（但它不是化合物，因为它仅仅由一种元素组成。）

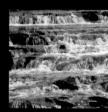

如果把一个氧原子塞到两个氢原子中间去，得到的结果就是H₂O，也就是我们所熟悉的水。（这个"塞进去"的过程很简单，将氢气放在空气中燃烧，得到的就是水了。）

如果把水分子里的两个氢原子中的一个用简单的碳"侧链"替代，就得到了醇。或者往水分子里增加一个碳，就得到了甲醇（木精），增加两个碳原子得到的就是乙醇（粮食酒）。世界上到底有多少种醇类很难说清，它们的定义都来自于一个事实：它们有一个氧原子和氢原子连接在一起的基团。这个 –OH 基团就定义了"醇类"的范围。在现代的系统命名中，醇类的命名方法是在所有的醇类英文单词后面加上一个"ol"词尾。

水

甲基醇（甲醇）

乙基醇（乙醇）

二甲基醚（二甲醚）

甲基乙基醚
（甲基乙醚）

二乙基醚（乙醚）

▷ 如果把水分子里两侧的氢原子都用碳原子侧链代替，就得到了醚类。这种最普通的醚类——二乙基醚，其两边各有两个碳原子，有时候常常被简称为"乙醚"。这是一种可以让你失去知觉的东西。

名字将把你带到哪里——醛类

我们可以采取一种稍有变化的方法，将水分子中的氧原子替换成一个与氧原子靠双键连接起来的碳原子（它被称作羰基）。举个最简单的例子，如果它两边都是氢原子的话，我们就得到了甲醛，一种稍微著名的、有点可怕的液体——常被用来保存动物的尸体（在系统命名法中，它被称为甲醛）。

如果把甲醛中的一个氢原子用一个碳原子代替，就得到了乙醛。和醇类一样，目前有数千种醛类可以被制造出来，它们都含有一个 -COH 基团，英文名字中都有一个"al"作为词尾。

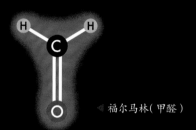

◁ 福尔马林（甲醛）

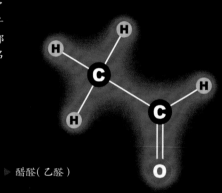

▷ 醋醛（乙醛）

▷ 丙基醛（丙醛）

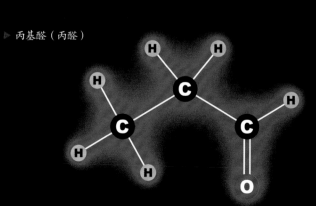

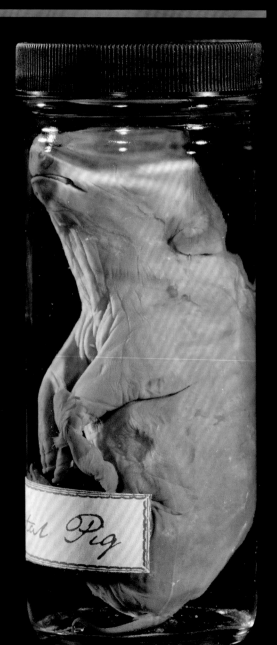

名字将把你带到哪里——酮类

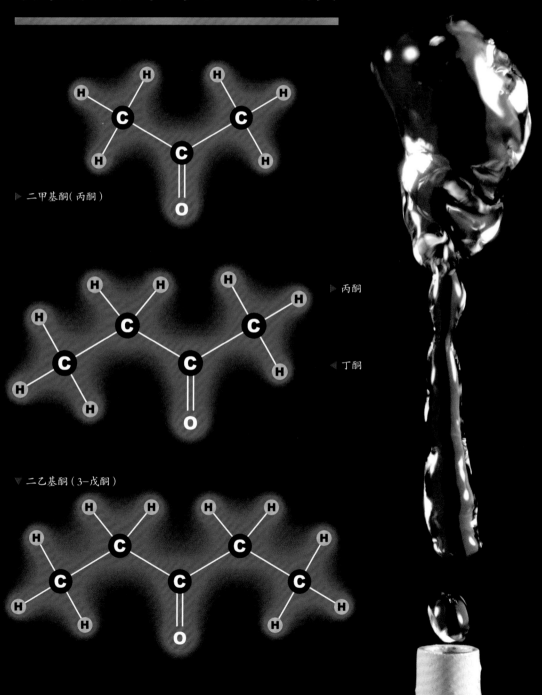

▷ 二甲基酮（丙酮）

▷ 丙酮

◁ 丁酮

▽ 二乙基酮（3-戊酮）

◁如果把甲醛里的两个氢原子都替换成碳原子侧链，就得到了酮类。其中最简单的一个是丙酮，一种易挥发、高度易燃的液体。如果你吃一些高脂肪、低碳水化合物的食物（这种食物通常用于治疗癫痫，也有一些人用它来减肥），丙酮就可以在人体内产生，成为3个"酮体"之一。在这种食物产生的酮体中，丙酮占很大一部分，并且没有什么用处，而另外两个酮体则可以作为人体很有价值的能量来源。

◁在这一页中，你看到的所有名字都是用一套词根来构建的，词根用来描述这个分子中有多少个碳原子。比如，"meth-"和"form-"这两个前缀就表示"1个碳原子"，所以"methanol"就是甲醇，"formaldehyde"就是一个只有一个碳原子的醛类。最前面几种有特别的名字，这是因为它们来自于希腊文或拉丁文的名字，比如"penta"代表"5"的意思，"hexa"就是"6"，以此类推。1个碳：meth- 或 form- 词缀；2个碳：eth- 或 acet-词缀；3个碳：prop- 词缀；4个碳：but- 词缀；5个碳：pent- 词缀；6个碳：hex-词缀。

名字将把你带到哪里——有机酸

▷ 如果我们把上面说过的羰基（-CO-）和羟基（-OH）结合在一起，就能够得到更精巧的东西，也就是羧基（-COOH）。带有这样一个基团的有机化合物分子就叫作机酸。其中最简单的一种就是甲酸，仅含有一个碳原子。再加进去一个碳原子，就得到了乙酸，也就是醋那股酸味的来源。

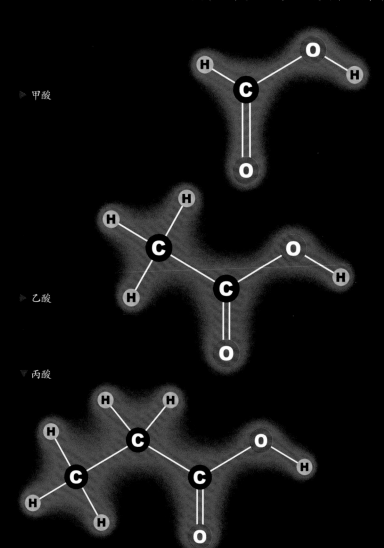

▷ 甲酸

▷ 乙酸

▽ 丙酸

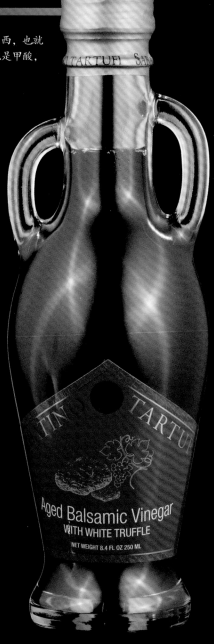

名字将把你带到哪里——酯类

◁ 甲酸甲酯

◁ 乙酸甲酯

◁ 丙酸甲酯

◁ 乙酸乙酯

◁ 丙酸乙酯

▷ 如果把羧酸末端的那个氢原子换成另一个碳原子侧链，就得到了这个家族中最复杂的化合物，叫作酯。小分子的酯类容易挥发，往往都有强烈的气味，而且通常都是令人愉悦的气味（参见第11章）。

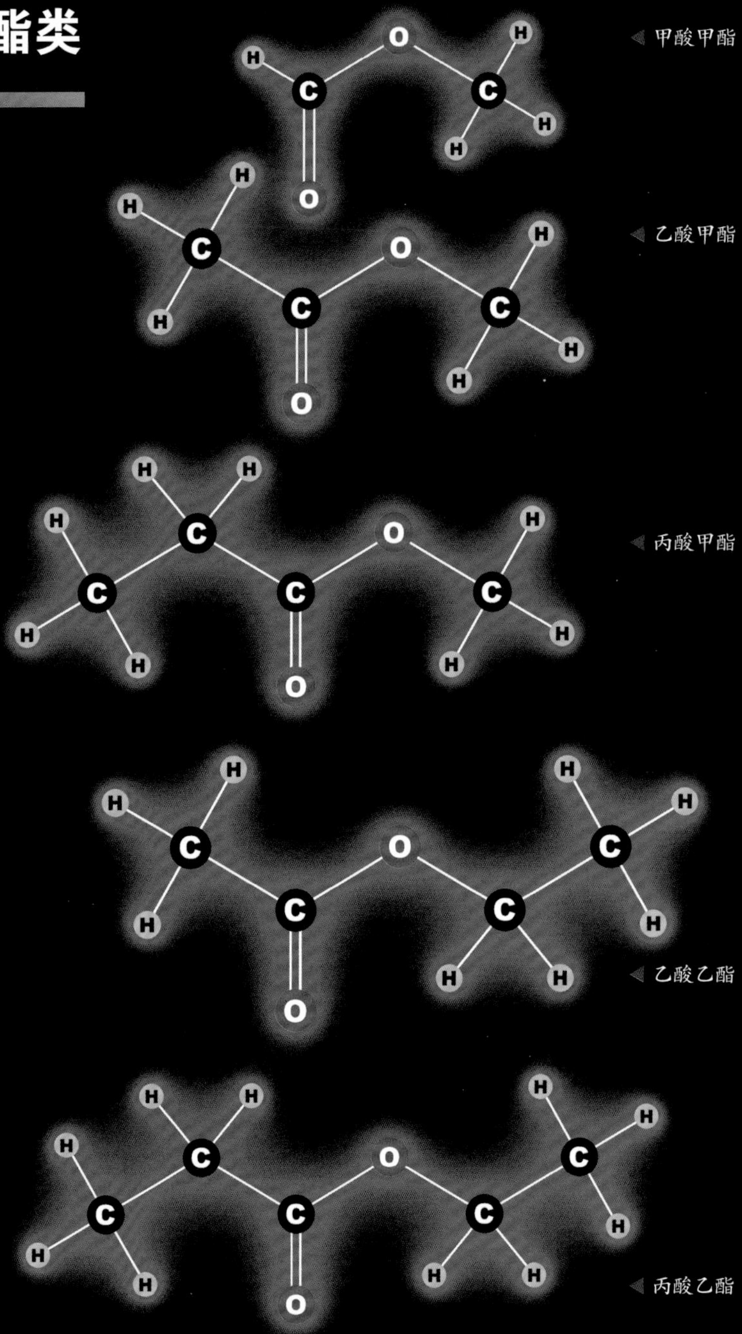

名字将把你带到哪里——酯类

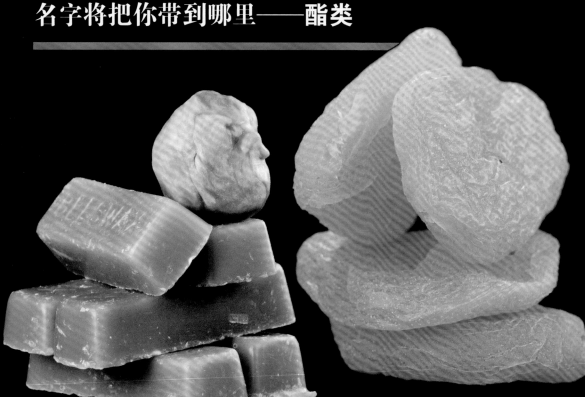

▶ 如果一个酯的左边含有4个碳原子，右边有2个碳原子（称为丁酸乙酯）的话，它的气味就像菠萝。

▶ 如果一个酯的左边含有4个碳原子，右边有5个碳原子（称为丁酸戊酯）的话，它的气味就像杏。

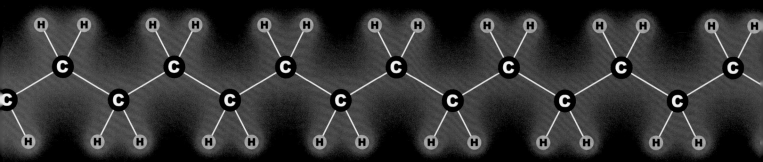

▲ 天然蜡的主要成分是有很长碳链的酯类。比如，蜂蜡主要含有一种酯，在 –COO– 基团的左边是由30个碳构成的碳链，在其右边则是由15个碳构成的碳链，称为棕榈酸三十烷酯。（参见第84页，了解更多关于蜡的知识。）

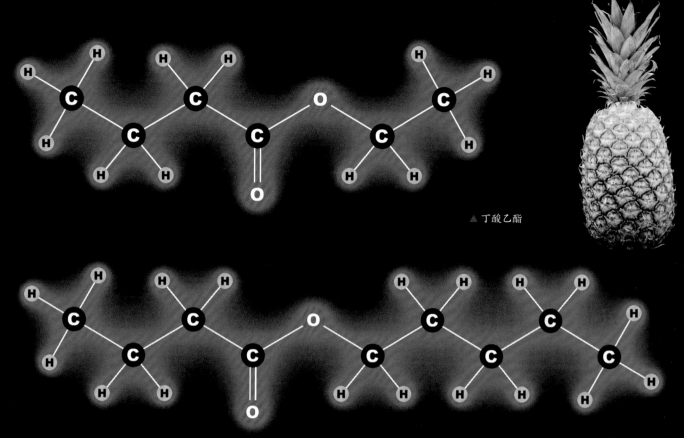

▲ 丁酸乙酯

▲ 丁酸戊酯

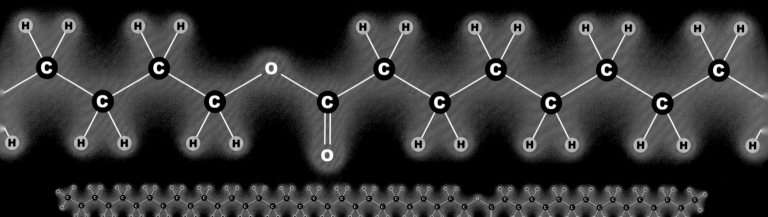

▲ 棕榈酸三十烷酯

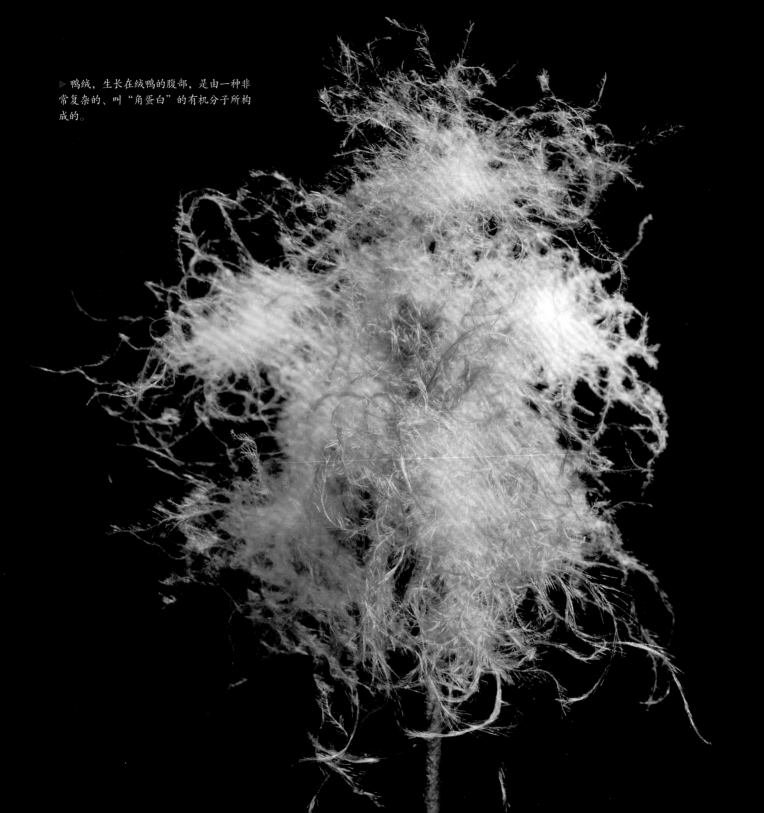

▷ 鸭绒，生长在绒鸭的腹部，是由一种非常复杂的、叫"角蛋白"的有机分子所构成的。

第3章 | 死的还是活的

整个化学的世界可以被大致分为有机化合物和无机化合物两个部分。"有机化合物"这个名字给人的直观感受就是比较柔和，就像你的花园中生长的某个东西。实际上，许多有机化合物与生命现象有紧密的联系。另一方面，"无机化合物"听起来有点沧桑感，就像是石头，而实际上岩石基本上的确都是无机化合物。但这种"硬或软"的定义并不是真的管用——存在许多例外情况。

那么，无机化合物和有机化合物之间的差别究竟该如何定义呢？

◀ 煤炭看起来就像是石头，在商业上人们甚至直接将它说成是煤矿，但它的确是有机化合物。

▶ 这个头骨很明显来自于某个生物（确切地说是一只蜥蜴），但它不是由有机化合物构成的。它主要由羟基磷灰石构成，是一种磷酸钙的矿物质。

▼ 石棉是一种可爱的、柔软的纤维，在很多方面都和羊毛有相似之处——但它被定性为一种无机化合物。

▶ 这些是无机化合物石英的晶体吗？不，它们实际上是薄荷醇的晶体，这种有机化合物可以在精油、止咳药和香烟中找到。

▶ 尽管有些油被称作"矿物油"，但实际上所有的油类都是有机化合物。

什么是有机化合物？

如果你在寻找"有机化合物"的定义，许多资料都会告诉你：它们是含有碳元素的化合物。但这个定义显而易见是错误的，我用一个词就能证明它是错的：石灰石。毫无疑问，石灰石是一种无机化合物。它是类似白垩的、砂砾状的硬东西，是花园地下的岩床，而不是生长在花园里的。但石灰石的化学式是 $CaCO_3$，也就是碳酸钙。而石灰石也不过是众多含有碳元素的无机化合物中的一个例子而已。

再看得稍远一点，你会发现有时候有机化合物被定义为含碳、氢并且由碳和氢彼此连接起来的化合物。的确，有很多有机化合物是这样的结构。但是，这个定义也可以被一个反证轻易地推翻：特氟隆。这种光滑得惊人的材料拥有一个碳链构成的骨架，绝对是典型的有机化合物，很显然也是一个毫无疑问的高分子有机化合物。问题在于它的分子中却没有一个氢原子。实际上，氟烃类化合物、氯氟烃类化合物这个庞大家族中的所有成员也都没有氢原子，它们常被用于喷漆罐和用作致冷剂（包括那些破坏臭氧层的物质，以及其他一些危害小一些的氯氟烃）。

有没有准确的"有机化合物"定义呢？

▼ 特氟隆是由四氟乙烯制成的，这就是说乙烯（C_2H_4）上所有的氢原子都已经被氟原子所取代了。

▶ 特氟隆的化学名称是聚四氟乙烯，也就是说它由很多个氢原子被氟原子所取代之后的乙烯不断重复而组成。实际上，它和聚乙烯很相似，是一种很常见的塑料（参见第7章），但其中所有的氢原子都被氟原子所取代了。因为碳－氟键和碳－碳键都非常非常坚固，所以这种物质几乎不可能发生化学反应。

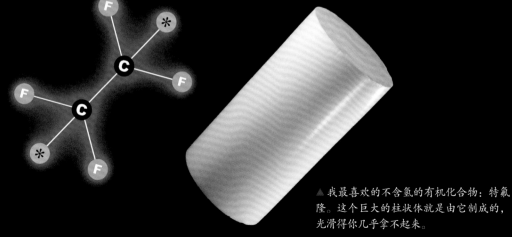

▲ 我最喜欢的不含氢的有机化合物：特氟隆。这个巨大的柱状体就是由它制成的，光滑得你几乎拿不起来。

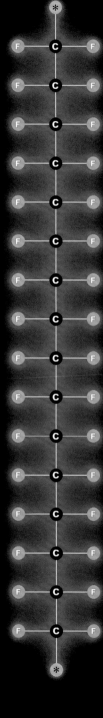

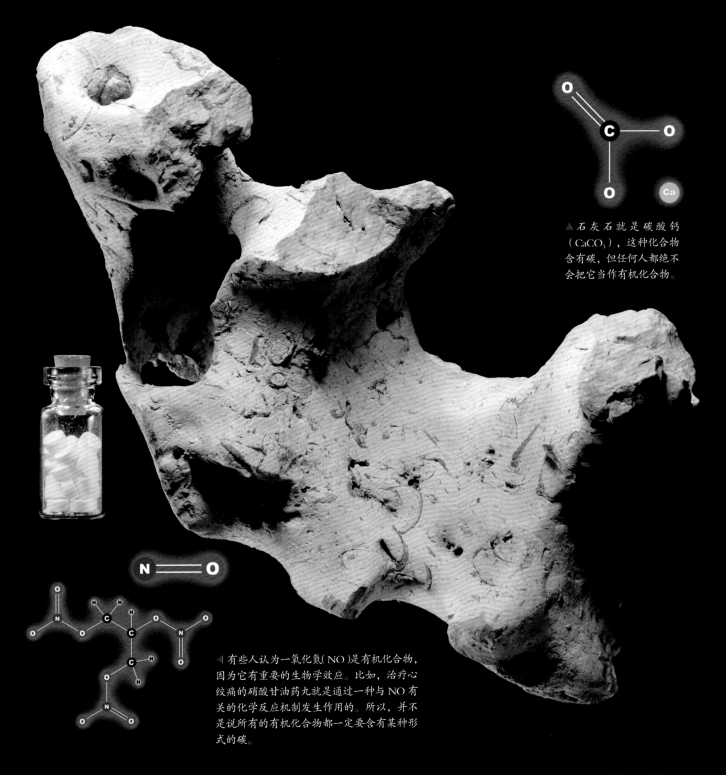

▲ 石灰石就是碳酸钙（$CaCO_3$），这种化合物含有碳，但任何人都绝不会把它当作有机化合物。

◀ 有些人认为一氧化氮（NO）是有机化合物，因为它有重要的生物学效应。比如，治疗心绞痛的硝酸甘油药丸就是通过一种与NO有关的化学反应机制发生作用的。所以，并不是说所有的有机化合物都一定要含有某种形式的碳。

生命的化合物

最初，有机化合物的定义非常直白：它们是和生命有关的化合物。在化学发展的初期，许多人都相信有生命的物体含有一种"生命力"，缺少这种力就不可能发生化学转换。有机化合物是那些来源于活着的生命体并且只存在于生命体中的物质，是由内在的神秘的生命力创造出来的。

这个定义以及关于"生命力"的全部理论在 1828 年被另一个简单的反证打得粉碎：费里德里希·维勒用氰酸银和氯化铵合成了尿素。

尿素是一个在当时已经被人们研究得很清楚的有机化合物，没人对此抱有疑问。氰酸银和氯化铵则无疑是无机化合物。要充分理解合成尿素这件事情的重大意义是需要一点时间的，但最终受过良好教育的人们意识到了这个实验的本质，它是在所有领域中曾进行过的最重要的实验之一，让人们的整个世界观从混沌之中骤然升起。

如果人类能够通过我们自己的装置创造出有生命的化合物，那么生命本身可能根本不是什么神秘的事物。合成尿素的成功将炼金术与神秘主义的残余影响彻底清除掉，并带给了人类一个全新的思考：或许，所有的事物最终都是可以被我们所理解的。

合成尿素的成功，标志着人们对有机化合物的研究开始成为一门真正的科学。具有讽刺意味的是，它同时也摧毁了"有机化合物"唯一的明确定义。

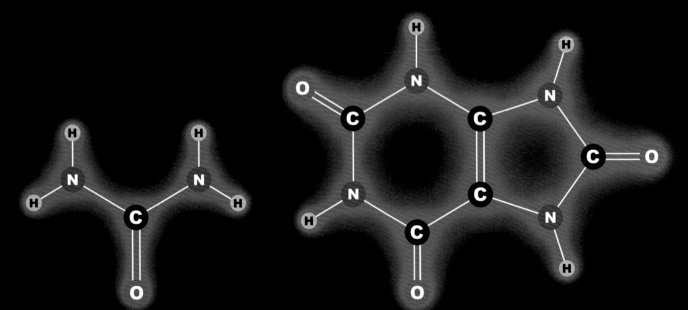

▶ 尿素肯定是有机化合物。它的名字来源于尿液，尿液中含有大量的这种物质。它在生命的许多过程中都扮演着极其重要的角色，而在生物体之外的自然界中，它并不是很常见。

▼ 过去，科学家和工业界曾称蛇的排泄物具有极高的价值，因为其中的尿酸浓度非常高。而在当时，这种物质从任何其他途径都很难获得。

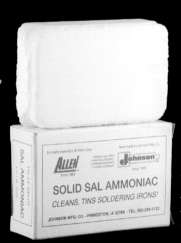

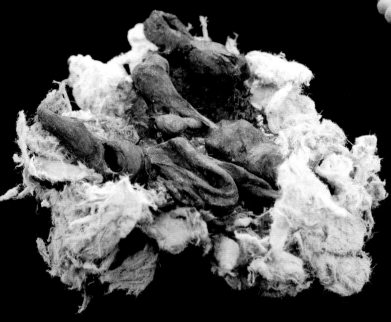

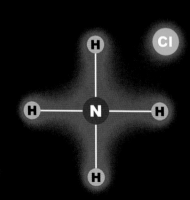

▼ "硇砂"是氯化铵在炼金术中的名字。令人欣慰的是，这个古老的名字在这种物质被当作烙铁清洁剂出售时还在使用。

▼ 氰酸银是一种灰色的粉末，不太常见但无可争议地是一种无机银盐。

纯天然有机！不含化学物质！

我忍不住要提一下"有机"这个词最没用的一种定义——最令人惊讶的是，它也是你平时见得最多的一种。商家在食品、营养补充剂、化妆品、染发剂等商品的广告中都会特别强调"全天然""有机"以及"不含化学物质"之类的说法。这类的事情让化学工作者们伤透了脑筋，因为很显然，所有的物质都是由化学物质组成的，包括我刚刚挠掉的头发（参见第10章）。你刚刚咬了一口的那个有机苹果？含有好几百种化学物质。

用"有机"这个词来区别好与坏、天然或非天然、健康食品或大工业制造的商品，是一种毫无意义的做法。化学物质就是化学物质。只有一些有意义的问题可以用来拷问一切食品、草药和软饮料：它里面含有哪些化学物质，这些化学物质对人体有益处吗？它可能受到了哪些化学物质的污染，这些化学物质对人体有害吗？至于这些化学物质是从什么途径来的，则根本没有任何差别，除非是把它们当作某种有可能受到的污染的标志物来看待。

让我们继续，因为也许你不喜欢我从这儿开始呢。简单地说，不要用广告中的话来理解"有机"这个词的含义就对了。

▽ 麻黄碱

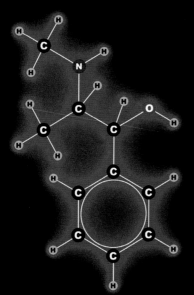

▽ 伪麻黄碱

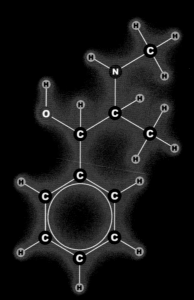

▽ 甲基苯丙胺（也称冰毒）

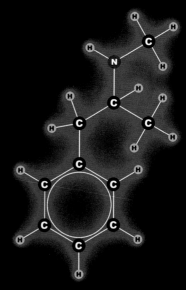

▲ 含有麻黄碱（麻黄的主要成分）的植物保健品在美国是禁售的。植物中的天然物质麻黄碱与两种合成药物伪麻黄碱（速达菲或其他感冒药的有效成分）和甲基苯丙胺的化学性质差异很小。天然的麻黄草属植物已经足够危险了，所以它们已经被禁用。而人工合成的甲基苯丙胺类物质是绝对被禁止使用的，因为很明显它比自己在自然界的表兄（即麻黄碱——译者注）更加危险，对健康更有害。但是，其他一些合成的此类物质，比如速达菲，则是一种效果非凡的解充血药（有缓解鼻塞的作用），作为非处方药安全地销售了一代人的时间（不过，后来许多人意识到可以将其转化为甲基苯丙胺，所以它的销售就被限制了）。

▶ 这是一包靛蓝染料，商家在广告中一口咬定它"不含有化学成分"。哦，老天！靛蓝不仅是一种化合物，而且是整个化学历史中最重要的化合物之一（参见本书第200页）。没有化学成分的靛蓝染料就像是外国交换生经常打电话叫外卖时吩咐的"来个培根生菜番茄三明治，但不要放生菜"一般难以实现。更具有讽刺意味的是，这种粉末来自于一种绿叶的提取物，为了把它变成靛蓝那种特有的蓝颜色，必须将它放到水里加热一下。这就开始了一个化学反应，让落叶中的靛甙水解为化合物吲羟和葡萄糖，吲羟接触空气之后就会被氧化而变成靛蓝。整个染料的生产过程都与化学相关。当商家说这种染料是"全有机成分"时，至少有一件事是真的：靛蓝是一种有机化合物。哎呀！我又把这个词说了一遍。

◀ 并不是所有的商家都羞于承认他们的产品里含有化学物质。实际上，这家公司不仅声称他们的产品里含有化学物质，而且还强调其中含有很多的化学物质！这是一种用在汽车上的划痕修复液，商家极力宣传修复液里面特别添加了许多微磨料。

▼ 有机盐类？不是开玩笑吧？

好吧，那答案到底是什么呢？

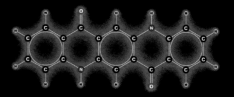

▲ 喹吖啶酮（一类染料——译者注）

知道了以上所有的这些说法，那么到底该从哪方面定义"有机化合物"呢？

一种最广为人们所接受的定义是：有机化合物是任何含有碳元素的化合物，除非碳仅以碳酸根（$-CO_3$）、二氧化碳（CO_2）或一氧化碳（CO）的形式出现，或者仅存在于氰基（$-CN$）之中，又或者是仅存在于碳化铝（Al_4C_3）这样的碳化物中，或者是……这个例外的清单变得越来越长，所以并没多大的实际意义。

这个定义要表达的关键点在于，给碳一个特殊的地位。碳元素的独特之处在于它可以形成高度复杂的链、环、分叉结构和平板结构。这是因为它自身的特点不仅允许而且是鼓励形成复杂、多变的三维立体结构。如果随机把一大堆元素放在一起，并且包括足够多的碳原子，同时也提供任何可能导致反应发生的外界条件的话，将会得到许多错综复杂的有机化合物分子——利用碳原子形成链状或环状的这种自发的倾向，是成为有机化合物的核心因素。

在接下来的各章中，我们将会遇到许多有机化合物，从最剧烈的毒物到人体最能接受的、柔软而蓬松的聚邻苯二甲酸乙二醇酯。

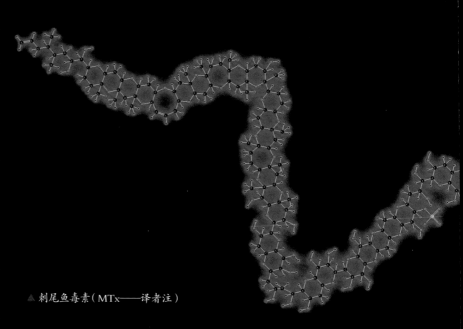

▲ 刺尾鱼毒素（MTx——译者注）

▽ 丙烯腈聚合物（常用于制造塑料——译者注）

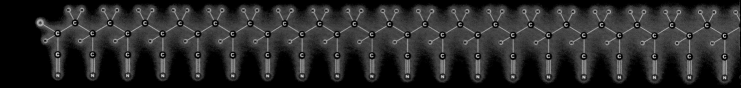

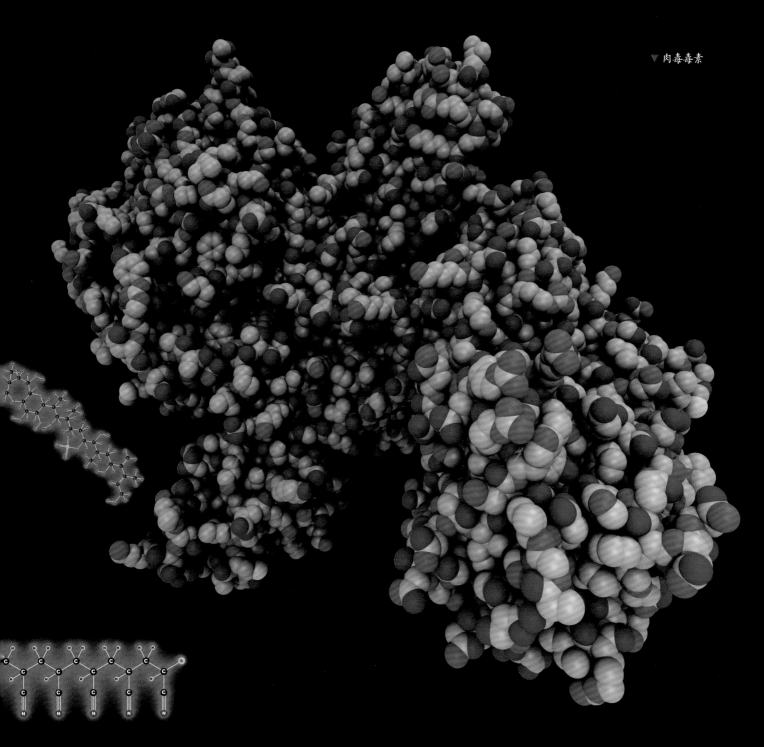

第4章 油和水

油和水为什么不能混在一起呢？那肥皂又是如何让它们克服这种天然隔阂的呢？两个问题的答案都和水分子、油分子与肥皂的电荷分布问题有关。

正如我们在第1章所了解的那样，原子之间的连接可以通过两种方式形成：电子从一个原子里完全移动到另一个原子里（形成离子键），或者两个原子在它们之间共享一些电子（形成共价键）。

在带有离子键的分子中，电荷在分子中的分布是不均匀的。这些分子中有一个带正电荷的"正极"和一个带负电荷的"负极"（有点像磁铁的南极和北极），所以它们被称为极性化合物，比如，食盐就是一个极性的离子化合物。

而在带有共价键的分子中，电荷在它所有的原子上的分布则要均匀得多，它们因而是"非极性"的。油就是一个常见的非极性化合物的例子，而诸如己烷、煤油之类的油漆稀释剂也是非极性化合物，它们像油一样不会与水混合。

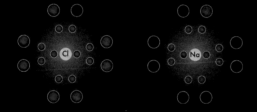

▲ 就像我们在第1章中看到的那样，当氯离子和钠离子结合而形成食盐时，得到的物质是一种"高极性"的化合物，其中，集中于氯原子上的负电荷要比钠原子上的多一些。当原子带有一个完整的电荷时，就被称为离子。

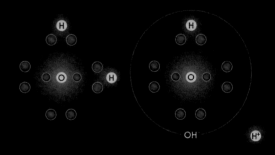

▲ 水，也就是 H_2O，并不是一个离子化合物，但它仍然有极性，因为把它聚拢在一起的电子，更多地聚集在氧原子而不是与之连接的氢原子上，所以，它能够很轻易地被分为两部分：带有正电荷的氢离子（H^+）以及带有负电荷的氢氧根离子（OH^-）。在纯水中，任何时刻大约都有千万分之一的水分子是被分离开来成为这两种离子的。[氢离子（H^+）非常小，因为它周围没有电子，一个氢离子实际上就是一个周围没有电子环绕的质子，与其他任何原子或有电子环绕的离子相比，它的体积小到趋近于零。]

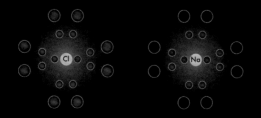

▲ 食盐是钠正离子和氯负离子结合的产物。

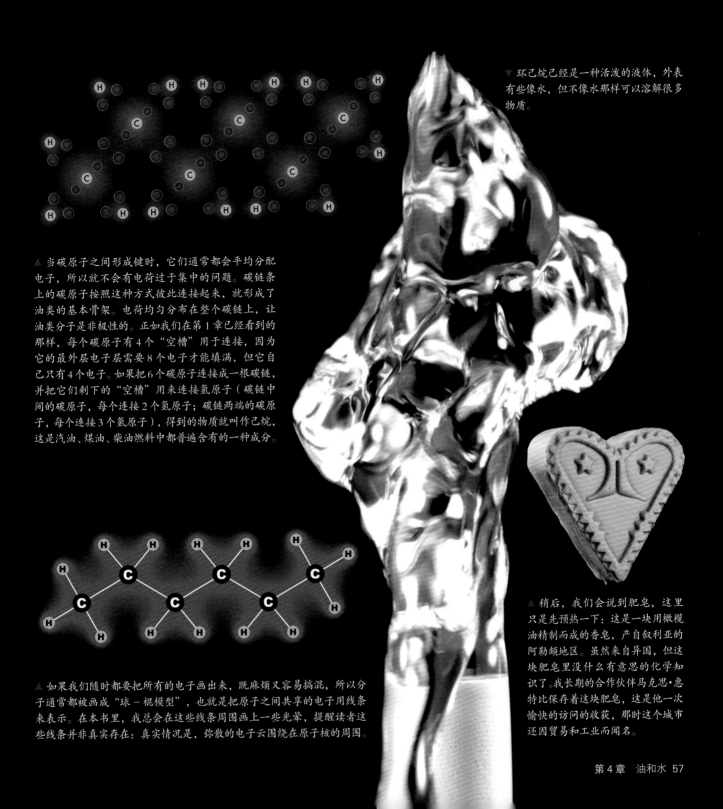

▼ 环己烷已经是一种活泼的液体，外表有些像水，但不像那样可以溶解很多物质。

▲ 当碳原子之间形成键时，它们通常都会平均分配电子，所以就不会有电荷过于集中的问题。碳链条上的碳原子按照这种方式彼此连接起来，就形成了油类的基本骨架。电荷均匀分布在整个碳链上，让油类分子是非极性的。正如我们在第 1 章已经看到的那样，每个碳原子有 4 个"空槽"用于连接，因为它的最外层电子层需要 8 个电子才能填满，但它自己只有 4 个电子。如果把 6 个碳原子连接成一根碳链，并把它们剩下的"空槽"用来连接氢原子（碳链中间的碳原子，每个连接 2 个氢原子；碳链两端的碳原子，每个连接 3 个氢原子），得到的物质就叫作己烷，这是汽油、煤油、柴油燃料中都普遍含有的一种成分。

▲ 稍后，我们会说到肥皂，这里只是先预热一下：这是一块用橄榄油精制而成的香皂，产自叙利亚的阿勒颇地区。虽然来自异国，但这块肥皂里没什么有意思的化学知识了。我长期的合作伙伴马克思·惠特比保存着这块肥皂，这是他一次愉快的访问的收获，那时这个城市还因贸易和工业而闻名。

▲ 如果我们随时都要把所有的电子画出来，既麻烦又容易搞混，所以分子通常都被画成"球－棍模型"，也就是把原子之间共享的电子用线条来表示。在本书里，我总会在这些线条周围画上一些光晕，提醒读者这些线条并非真实存在：真实情况是，弥散的电子云围绕在原子核的周围。

极性的引力

我们已经知道，食盐（NaCl）是由带正电荷的钠离子（Na^+）和带负电荷的氯离子（Cl^-）所组成的。当一块食盐被放入水（也就是 H_2O，可以被写成 HOH 的形式）中时，它周围的水分子就开始被分离为氢离子（H^+）和氢氧根离子（OH^-）了。一些氢离子靠近氯离子并与之配对，就将它们从盐块上拉扯下来。同样的，一些氢氧根离子也会接近钠离子，并与之配对。

这样，盐块就被有条不紊地撕裂开来，最终，水的分裂作用使钠离子和氯离子分开自由浮动在水中，水分子和这些离子之间就形成了松散的、与温度有关的连接。换句话说，盐溶解在了水中。

但如果你试图把盐块溶解在非极性溶剂中，比如己烷，那这类溶剂就根本不会起作用。离子们倾向于和其他带有不同电荷的离子彼此配对，而非极性分子却没有任何集中的电荷，所以就无法将离子从它们的"伴侣"周围拉开。

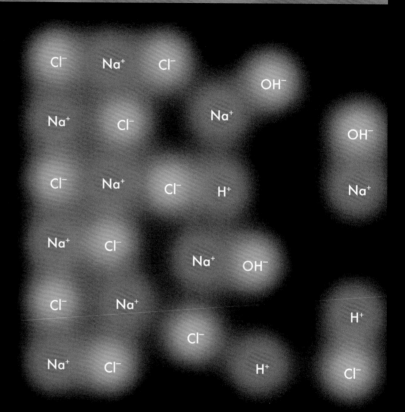

▲ 极性溶剂（特别是水，它能够部分分解离为 H^+ 和 OH^-）可以把自己"塞到"极性化合物（比如食盐）的分子中，这就是盐易溶于水的原因。

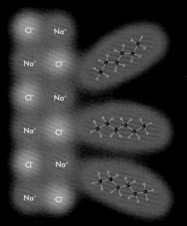

◀ 一个己烷分子没有任何东西可以提供给食盐中的氯离子和钠离子。己烷中的离子更喜欢彼此的联合。盐完全不会溶解于非极性溶剂（比如己烷）中。

非极性分子的力量

是水的极性让它成为比任何非极性溶剂更强的溶剂吗？对于溶解离子化合物而言，水的确是已知的最强、最猛的溶剂之一。但我们将水看作生命之源，是因为水并不能溶解我们的皮肤啊！

只有当你想把什么有极性的东西溶解时，极性溶剂才有优势。溶解是一个相互的过程：两个物质都必须倾向于和另一个物质混合起来。所以，问极性的水能否溶于非极性的油，跟问非极性的油是否能溶于极性的水是一回事。正如我们刚刚学到的知识，答案是不能：水中的极性分子会倾向于坚持抱团而不分开。

如果你有什么非极性的物质，比如油或脂肪，能够渗入它内部的分子类型就只有其他的非极性分子了。这就是己烷能够很好地溶解油类的原因。

这样，你就明白了：油和水，非极性分子和极性分子，每一种都倾向于保持自己的状态，每一个都不会给对方提供些什么。这种情况就像Mac 与 Windows 之间的鸿沟一般坚固而永恒，或者就像猫与狗之间的战争，如果没有肥皂出现的话。

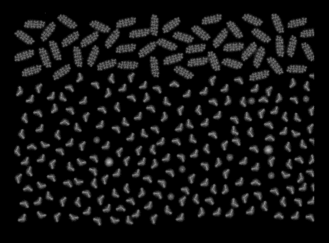

水分子很乐于和它自己的极性键玩耍，而对于非极性的油类分子则没有丝毫兴趣将其拉拢过来；水分子也不会允许这些非极性分子硬插到它的分子中间。

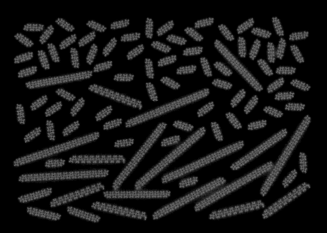

▲ 非极性的己烷分子擅长渗入同样为非极性的、有更长链的油分子中间。长链的油类分子是描述煤油、油类溶剂的另一种说法。

▼ 这块肥皂的外形像一只泰迪熊。我把它放在这里是为了提醒读者，很快我们就要谈到肥皂的事情啦。

肥皂的魔力

肥皂所做的事情几乎可以与促进世界和平相提并论：让油溶解于水中。它之所以能做到这一点，是因为构成它的分子一端有极性，而另一端则是非极性的。这样，它就能一端溶解于水中，而另一端则溶解油。

怎么才能做出这样的分子呢？

可以从一个足够长的非极性碳链分子开始，比如正十八烷，它由 18 个碳原子排成一排，再被 38 个氢原子簇拥而成。它的结构和己烷（6 个碳原子）很像，只不过更长一点而已，同样也是非极性分子。这种分子很乐于将它自己插入到油类分子中。实际上，它的这种倾向比油类分子本身还要更强烈。

然后，你可以在它的一端加上一个某种类型的强极性基团。一个好的候选基团就是羧酸基团（也即碳原子和两个氧原子键合成的基团，参见第 42 页）。所有的酸天生就是极性分子，因为它们会游离出一个带有正电荷的氢离子（H^+）。

正十八烷的一端加上一个羧基之后，就叫作硬脂酸，这种物质可以在许多动物的脂肪内轻易地找到。硬脂酸是我们最常听说的脂肪酸之一。

但硬脂酸还不能像肥皂一样发挥作用，因为它虽然是一种酸，但却只有很弱很弱的酸性，不能在水中大量地解离开来。

▼ 正十八烷（octadecane）是由 18 个碳原子排成一条直线而形成的碳链，"octa"的意思就是"八"，"deca"表示的是"十"，而"-ane"这个词缀表示整个碳链都已经被氢原子占满（也就是说，已经饱和了）。这是一种黏糊糊的固体，它的熔点仅比室温高一点点。

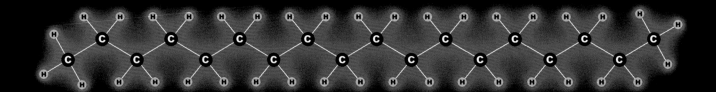

让肥皂发挥作用

为了让硬脂酸变成某种具有肥皂功能的东西，我们就需要让它变得更易溶解于水。一个可行的办法就是剥离掉其羧基上的氢原子，用某个东西来替代它，这个东西在接触水之后需要能够更轻易地从硬脂酸的分子中脱离下来。

氢氧化钠（液碱）可以被用来将这种氢原子替换为一个钠原子。这个过程叫作"形成一个脂肪酸的盐"，比如，形成了硬脂酸的钠盐，就叫作硬脂酸钠。

硬脂酸钠很容易溶解于水，它和其他一些脂肪酸的钠盐因此成为所有天然皂的主要成分或有效组成部分。

那么，肥皂究竟是怎么发挥作用的呢？

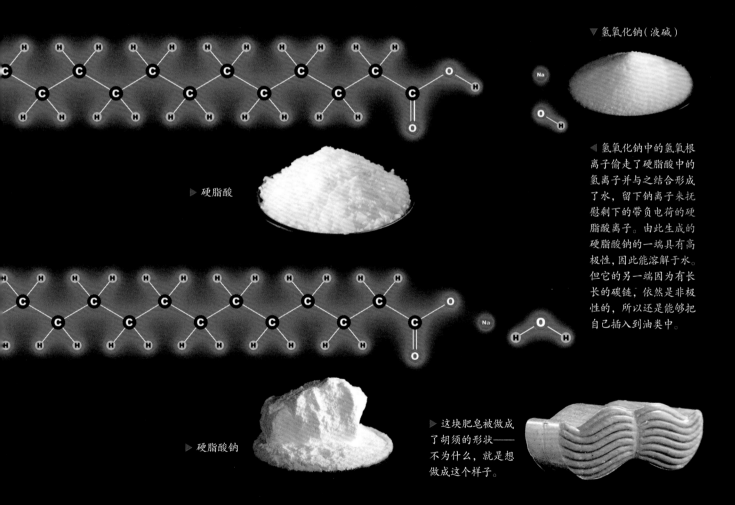

▼ 氢氧化钠（液碱）

▶ 硬脂酸

◀ 氢氧化钠中的氢氧根离子偷走了硬脂酸中的氢离子并与之结合形成了水，留下钠离子来抚慰剩下的带负电荷的硬脂酸离子。由此生成的硬脂酸钠的一端具有高极性，因此能溶解于水。但它的另一端因为有长长的碳链，依然是非极性的，所以还是能够把自己插入到油类中。

▶ 硬脂酸钠

▶ 这块肥皂被做成了胡须的形状——不为什么，就是想做成这个样子。

肥皂的机理

当一个肥皂分子，比如说硬脂酸钠，被放到一个既有水又有油的环境中时，它就逐渐被同时拉向两个方向。肥皂分子的极性一端被同样有极性的水分子所吸引，而非极性的碳链则很舒适地在非极性的油类分子中安顿下来。

肥皂分子中的非极性碳链滑进了油类物质的表面并将其拉扯开来，将油类分裂成为极细小的油滴。这些油滴形成一簇一簇的球状（称为胶束），而其中所有肥皂分子里有极性的一端全部都指向水中，非极性的碳链则都朝向油滴内部。

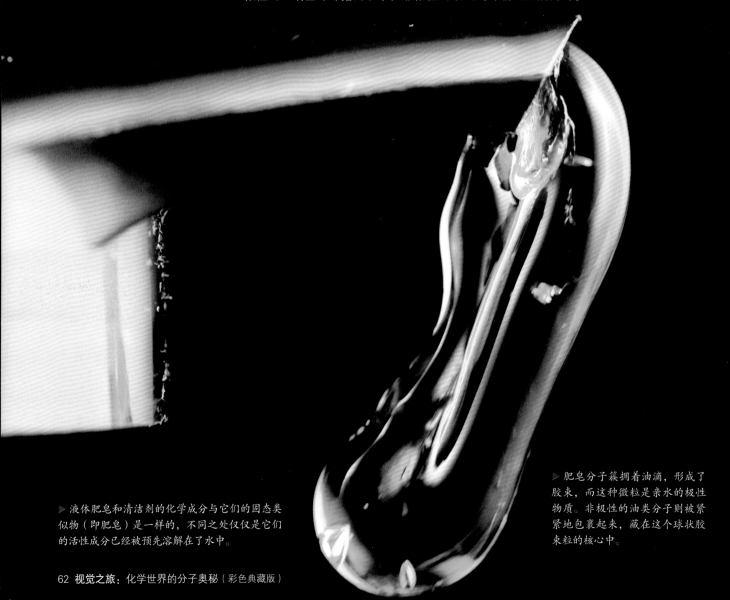

▶ 液体肥皂和清洁剂的化学成分与它们的固态类似物（即肥皂）是一样的，不同之处仅仅是它们的活性成分已经被预先溶解在了水中。

▶ 肥皂分子簇拥着油滴，形成了胶束，而这种微粒是亲水的极性物质。非极性的油类分子则被紧紧地包裹起来，藏在这个球状胶束粒的核心中。

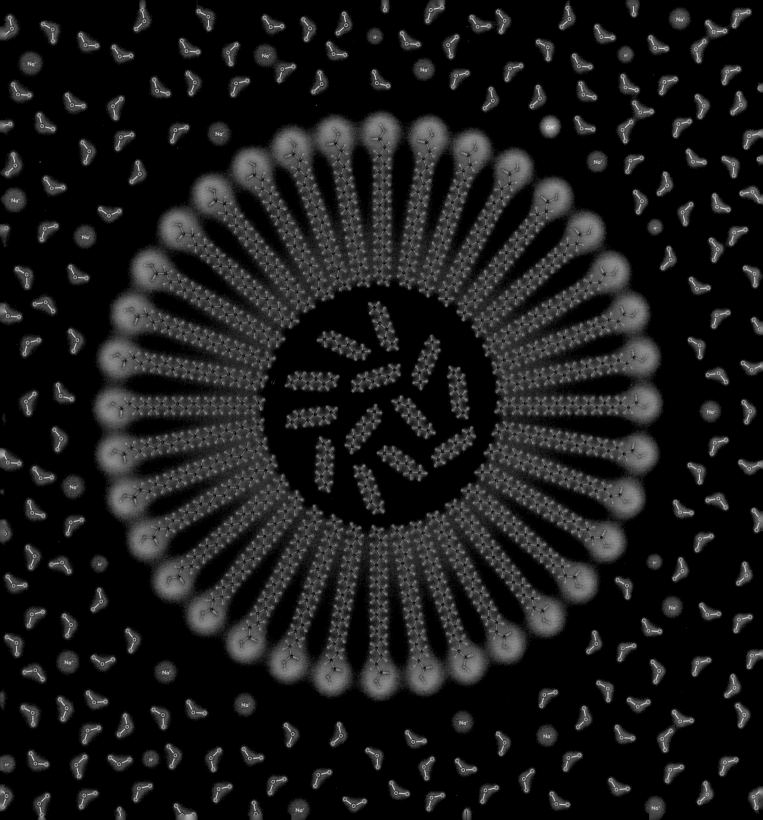

制造天然皂

肥皂制造是一个古老的行业，至少可以追溯至公元前 2800 年。它也是个相当简单的过程，在世界各地的厨房与车库里都能进行。你所需要的仅是一些植物油或动物脂肪（由脂肪酸组成，比如硬脂酸）和液碱（氢氧化钠）。历史上，人们通过洗涤草木灰而获得液碱，今天，纯度更高的液碱已经可以从下水道疏通剂或食品级的碱面中轻易获得，且不含任何有影响的杂质。

脂肪是由脂肪酸组成的，但这里有一个小问题我还没有提到：动物脂肪中的脂肪酸以及植物油并不能自由流动。它们以甘油三酯的形式紧紧地簇拥在一起，也就是 3 个脂肪酸连接在同一个甘油的骨架上。（参见第 79 页，了解更多关于这种酯的细节信息）。

当甘油三酯和液碱发生反应时，脂肪酸就被按部就班地从甘油骨架上扯下来，变成它的盐类，剩下的则是甘油。大多数肥皂生产商会把甘油去除，但也会特别地生产一种"甘油皂"，也就是把甘油保留在肥皂之中，有时候还会额外再加入一些甘油，就得到了透明皂。有些人喜欢这种透明皂的外观和手感。

▷ 甘油皂之所以比较透明，是因为它们中的脂肪酸没有形成可以散射光线的晶体。（这有点像水。当它处于液态、非晶体状态时，就是透明的。而当液体水变成许多细小的不规则晶体时，它就变成不透明的了，跟雪花一样。）

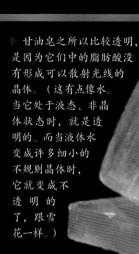

▽ 实际上肥皂是一种纯白色的固体，这是脂肪酸盐本来的颜色（虽然许多作为商品的肥皂里都被加入了一些二氧化钛，使肥皂看起来有一种明亮的白色）。在这一类型的肥皂中，作为脂肪酸甘油三酯水解的副产物，甘油通常都会被分离出来。

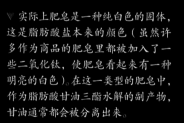

△ 虽然说除了纯白色之外的所有肥皂都是骗人的把戏，但平心而论，透明皂却很好地利用了甘油三酯肥皂的特点。这意味着你可以把许多搞怪的东西包在肥皂里，然后还可以卖个更高的价钱。这块透明皂花了我 9 美元。

◁ 牛油脂是将奶牛的脂肪扯碎、煮沸而得到的，它几乎是纯的脂肪酸甘油三酯，因而是理想的制造肥皂的原料。

◁ 液碱是氢氧化钠的商品名称，通常用在下水道疏通剂以及强力洗涤剂中。如果它和皮肤接触，皮肤立即就会被严重地灼伤，而它和眼睛的接触则是要绝对避免的。它是制造肥皂的一个关键原料。

人工肥皂

肥皂是很古老的东西，现代人工合成的替代品则被称为洗洁精。它的工作原理与肥皂一样，抢了传统肥皂的不少市场份额。

天然皂存在一个大问题：如果水中存在可溶性的钙离子、镁离子、铁离子，遇到肥皂之后，这些离子就会与肥皂形成不溶化合物而沉淀下来。含有这类离子的水被称为"硬水"，在世界很多地区都很常见。（从肥皂在手上保持滑腻感的时间，就可以判断出你用来洗手的水有多"硬"。如果肥皂沫很快就能被冲掉，你需要使用很多肥皂才能把手洗干净的话，就说明硬水把肥皂沉淀下来了。如果手在很长时间里都有滑腻感，则说明水质很"软"。）

洗洁精就规避了这个问题，因为它使用的极性基团与天然皂完全不同。它不再使用羧酸的盐，而是用磺酸盐或硫酸盐。比如，含有 18 个碳原子的硬脂酸钠常出现在天然皂中，十二烷基苯磺酸钠同样也含有 18 个碳原子，它是人工合成的去污剂中的主要成分。

▷ 直线型（比如直链）的洗洁精更容易被细菌所分解，但链上有很多分支的洗洁精则很不容易被生物降解。早期的支链型洗洁精所形成的泡沫导致了 20 世纪 50~60 年代大面积的湖泊污染，这也催生了我们今天所用的、更容易被生物所降解的新型去污剂。

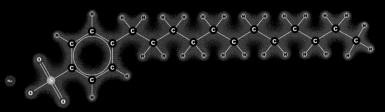

▲ 十二烷基苯磺酸的分子很长，名字也很长。左边这个环就是名字中出现的"苯"，而硫原子和 3 个氧原子则结合在它的上面，它是"磺酸"这个词的来源。

十二烷基苯磺酸钠是十二烷基苯磺酸的钠盐。（好吧，我得承认：我是复制粘贴的这个名字，每次录入都至少错 3 处。）正如肥皂是由钠盐组成的那样，常见的洗洁精的主要成分是有机弱酸的钠盐。

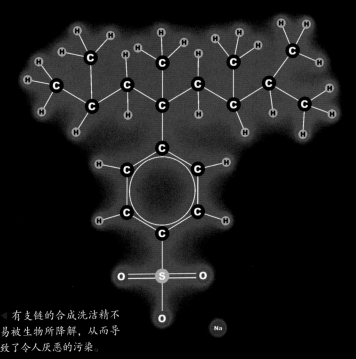

◁ 有支链的合成洗洁精不易被生物所降解，从而导致了令人厌恶的污染。

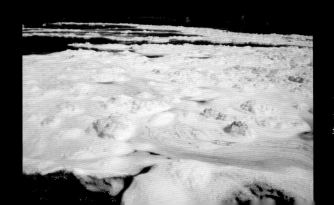

人工肥皂

▶ 多年来，我总是能在不同的洗发水瓶上看到月桂基磺酸钠和月桂基乙醚基磺酸钠的名字。以我的笨脑袋，我从来就没有搞清楚过它们究竟是两种不同的物质，还是我上次把名字记错了。后来我碰到了一种同时含有这两种物质的产品。

▶ 月桂基磺酸钠不是在人们口齿不清时读错了的月桂基乙醚基磺酸钠，但它们的化学性质非常相似：月桂基乙醚基磺酸钠中含有一个乙醚基团（参见第39页），插在了左边极性的磺酸基和右边非极性的月桂基（由12个碳原子组成的碳链）中间。

▽ 月桂基磺酸钠 △　　　　　　　△ 月桂基乙醚基磺酸钠 ▽

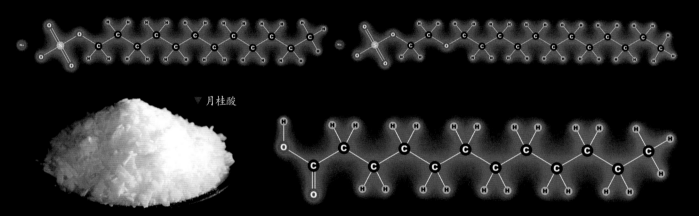

▽ 月桂酸

▲ 月桂酸是一种普通的脂肪酸，可以在椰子油中大量找到。它是制造常见的洗洁精和表面活性剂（月桂基磺酸钠和月桂基乙醚基磺酸钠）的初始原料。

▶ 有些洗洁精制造商宣传"椰油基磺酸钠"是一种比月桂基磺酸钠更安全、更天然的产品，它是由纯椰子油生产出来的。实际上，它就是月桂基磺酸钠纯度相对较低的形式，只是换了个名字而已。在化学语境里，纯椰子油唯独跟"纯"不沾边。它是由许多种不同的油类和脂肪酸组合而成的复杂混合物。但是，它的主要成分是月桂酸，所以当它变成磺酸盐时，主要就是生成了月桂基磺酸钠。这很不错，因为月桂基磺酸钠是一种很好的化合物。这里唯一的问题是，把椰油基磺酸钠卖给了那些不想要月桂基磺酸钠的人。这一类的市场行话的确让人非常烦恼：如果使用月桂基磺酸钠会带来什么不适的话（或许有，或许没有），那使用椰油基磺酸钠也会造成同样的问题，因为它们本来就是同样的化合物。唯一的区别在于，椰油基磺酸钠还含有一些其他的、未知或者未明确的化学物质，可能会也可能不会危害人们的健康。相反，如果使用简单的、纯净的月桂基磺酸钠，就没什么好担心的了。

肥皂与生命的起源

当肥皂驱散油渍时，它是通过形成极细微的小球（肥皂分子）组成一层密不透风的墙壁，把油完全包裹在里面；肥皂分子上所有的非极性部分都指向球心，极性部分则朝向球外（参见第 62 页）。

这是一个很有趣的结构：一个球状结构，核心里全是有机化合物分子，被一层坚固的肥皂分子保护起来。这听起来很像是生物细胞。实际上，我们有理由相信，这类肥皂分子所形成的球体的确在漫长的化学演化中浓缩和保护了有机化合物分子，才有了可识别的生命体的形成。

让人感兴趣的是，在任何情况下，如果你随手抓起一把有机化合物分子扔到一池水里，而其中既有完全非极性的分子，又有带部分极性的分子的话，它们会自发地组装起来，促进有机分子之间的互动。

换句话说，肥皂不仅从基础上保证了人类进行自然选择的过程，它还扮演了一个关键的角色，即让整个生命演化的过程从起点发生。

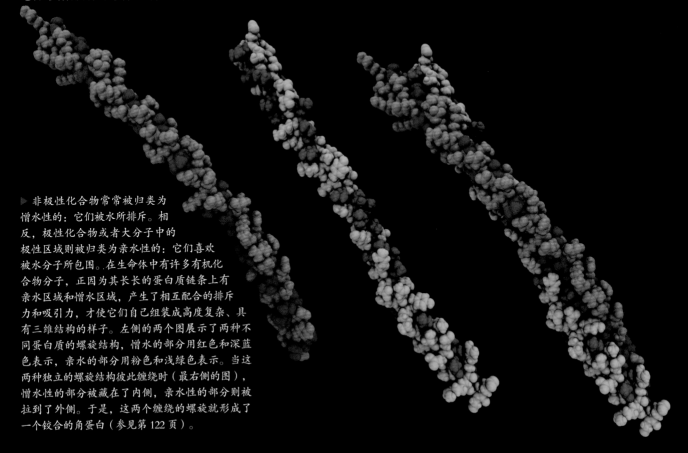

▶ 非极性化合物常常被归类为憎水性的：它们被水所排斥。相反，极性化合物或者大分子中的极性区域则被归类为亲水性的：它们喜欢被水分子所包围。在生命体中有许多有机化合物分子，正因为其长长的蛋白质链条上有亲水区域和憎水区域，产生了相互配合的排斥力和吸引力，才使它们自己组装成高度复杂、具有三维结构的样子。左侧的两个图展示了两种不同蛋白质的螺旋结构，憎水的部分用红色和深蓝色表示，亲水的部分用粉色和浅绿色表示。当这两种独立的螺旋结构彼此缠绕时（最右侧的图），憎水性的部分被藏在了内侧，亲水性的部分则被拉到了外侧。于是，这两个缠绕的螺旋就形成了一个铰合的角蛋白（参见第 122 页）。

太多肥皂啦！

肥皂有点像酒类，基本组成全都是相同的，于是肥皂制造商们就疯狂地制造出各种花样的肥皂来，以消减这种千人一面的苦恼。

绝大多数肥皂的区别都源自于制造它们的油或脂肪：动物脂肪、橄榄油、棕榈油等。但是这块"非洲黑皂"的特殊之处则在于制造它时碱（通常是氢氧化钠）的来源，这些碱被加到油脂里（典型的是棕榈油、棕榈坚果油或椰子油）。液碱通常都是从草木灰中提取得来的，但制造这块肥皂时直接使用了由可可豆荚、椰子荚或牛油果树树皮等烧成的灰烬，这些物质不仅是作为碱起作用，也会残留在肥皂中。

▷ 这是肥皂还是糖？我也没法分辨清楚。

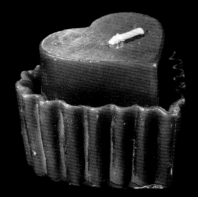

△ 这是肥皂还是蜡烛？灯芯泄露了答案。

▷ 这块肥皂很显然来自印度班加罗尔的官方工厂。

▽ 松焦油皂是用柏油制造而成的，而柏油则是通过给松木加热、加压而获得的。和直链脂肪不同，柏油中的大部分分子都带有苯环结构（6个碳），连接在它们的非极性碳链上。这种芳香化合物倾向于吸收光线，所以这块肥皂就是黑色的。

◁ 这块橄榄油皂来自希腊——橄榄树的故乡。和松焦油相似，橄榄油中含有许多种复杂的、带有环状结构的分子，它们可以被转化为肥皂类的分子。

▷ 这块绵羊形状的肥皂 [试试看把这个名字快速地念几遍（原文的 sheep-shape 两个词发音近似，有绕口令的意思——译者注）] 由透明皂和普通肥皂组合而成。我是在一家毛线店买到它的，它当时被摆在那里衬托"全羊毛"这个主题。

▷ 洗手皂。明白了吗？对那些阅读翻译版本的读者而言，需要说明，在英文里"hand soap"这个词的意思就是"用来洗手的肥皂"。所以这是一个有趣的双关语，因为这些肥皂的形状就像人的双手。

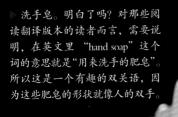

△ "宾馆用肥皂"。这是一种各家自行其是、自成一格的工业品。这些肥皂是我多年来收藏的肥皂的一部分。我经常到处旅行。

▽ 绝大多数肥皂由油或脂制造而成，而任何来源的脂肪酸都是制造肥皂的潜在来源。蜂蜡主要由脂肪酸和脂肪酸酯构成（这里说的脂肪酸酯并不是油脂中的甘油三酯），所以有时候养蜂人也会用他们手边现成的原料来制造肥皂。（仅用蜂蜡来制造肥皂看来是不明智的，所以人们也会加入一些更容易得到的椰子油、棕榈油和橄榄油。）

第5章

矿物和植物

有两种完全不同的油类以及两种完全不同的蜡。这两种油和两种蜡都是一种来自于石油（从地下抽出来的原油），另一种来自于植物和动物。

对于矿物油和植物油、石蜡和蜂蜡而言，它们的相似之处仅仅是表面上的，它们的内部化学结构截然不同。比如，没有生物可以消化矿物油（一些细菌除外），而植物油则是一种高热量的食物。

我们先从不能食用的这一类开始。矿物油基本上都是烃类物质，它们只含有碳原子和氢原子，此外就不再含有其他的元素。系统识别一个烃类的方法是弄清每个烃类分子中含有的所有碳原子的总数。这个数目的范围可以从1到数千不等。

◁ 甲烷最为大家所熟知的名字是"天然气"。在世界上许多地区，它被人们用来取暖和做饭，它也是人们常说的"水力压裂开采法"以及其他许多和"gas"有关的物质中的化合物，但就是不包括汽车发动机里的问题。我们将在戊烷（5个碳原子）那一节讨论这类"gas"。

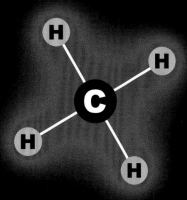

◢ 讨论烃类化合物，往往总是从甲烷开始，这是一种最简单的烃类化合物。它的分子中有1个碳原子，上面连接着4个氢原子。

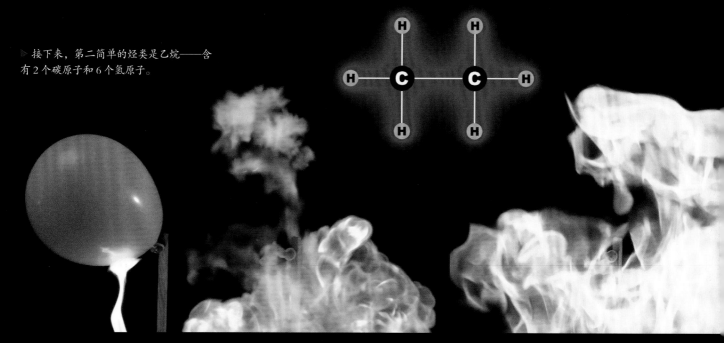

▷ 接下来，第二简单的烃类是乙烷——含有2个碳原子和6个氢原子。

△ 乙烷是一种和甲烷类似的气体，但密度略大一点，沸点略高。在气球中充满这种气体，就可以做成一个很漂亮的火球了。

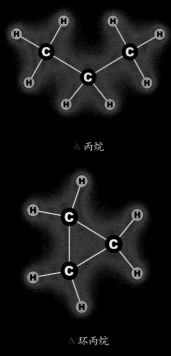

△ 丙烷

△ 环丙烷

丙烷中含有3个碳原子和8个氢原子。这是所有可以被排成不同形状的烃类中最简单的一种，既可以是直链形，又可以变成一个称为环丙烷的环状物（此时就只有6个氢原子了）。环丙烷是一种相当紧绷的分子：碳与碳之间的键并不喜欢以这样的锐角和形状彼此连接，因为这会使环丙烷发生爆炸性的反应，特别是在有氧气存在的情况下。它曾被用作一种镇静麻醉剂，但目前已经被逐步淘汰，因为患者需要在吸氧气的同时吸入环丙烷，这是一个令人很不舒服的过程。

丙烷（直链的那种）的使用很方便，因为它在一个相当小的压力下就能变成液态。当气体变成液体时，它的体积会缩小到原来的数百分之一。换句话说，同样大小的容器中，在同样的压强下，你可以储存比气体多得多的液体。这就让丙烷成为便携式气体火炬中的燃料，就像图中这一个，被疯狂的人们拿来除草、焊接橡胶顶棚。这火炬可以散发出50万千焦的热量来，比大房子里的火炉散发出来的热量还要多。

▼ 丁烷中有 4 个碳原子和 10 个氢原子，它们可以按照许多种不同的方式排布（参见第 19 页）。烃类中所含的碳原子数越多，能够排布碳原子的方式也就越多。为了实用性起见，我们将主要看到一些直链的烃类，虽然我们讨论的许多物质实际上是由许多直链、支链和环状的分子组成的混合物。

◀ 和丙烷一样，丁烷在常压条件下是一种气体，稍稍加压就会变成液体。对于丁烷而言，这个压力非常小，用一个薄薄的塑料容器就能够将它装下。这就是为什么我们拥有的便宜的、塑料的一次性丁烷打火机在它破掉之前可以多次使用。

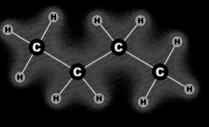

▲ 丁烷

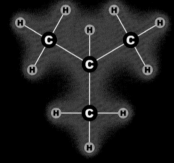

▲ 异丁烷

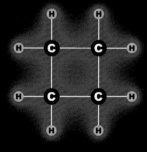

▲ 环丁烷

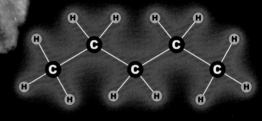

▲ 戊烷有 5 个碳原子和 12 个氢原子。

▼ 戊烷是一系列常态下保持液态的烃中分子量最小的，但也仅是恰巧而已（它的沸点是 36 摄氏度）。在那种也被叫作"gas"的汽车燃料（即汽油）里，它是一种最轻的、最易发挥的物质。戊烷是汽油蒸气易爆炸的部分原因。在一个装着汽油的敞口容器上方，戊烷与其他易挥发物质在空气中就能积累到爆炸的浓度。汽油通常被保存在红色的罐子中，提醒人们注意这种物质的危险性。

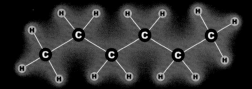

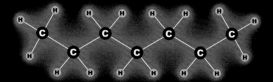

▲ 己烷有 6 个碳原子和 14 个氢原子。

◀ 庚烷有 7 个碳原子和 16 个氢原子。这种直链的分子有一个特别的角色，就是作为汽油中辛烷值的"0"标准。所有的烃类在承受压力时都可能爆炸，这对于汽车发动机来说是个很糟糕的事情。燃料的辛烷值越高，则它在爆炸前能承受的压力就越大。直链的庚烷非常容易爆炸，所以它被视为辛烷值的"0"标准（也就是说，最糟糕的情况）。

◀ 煤油是一种混合物，其中含有各种各样的直链烃类和支链烃类。从己烷开始，烃类最多含有 16 个碳原子。对于煤油而言，一个重要的性质就是它不包含任何比己烷更轻的、碳链更短的、更容易挥发的烃类。这就意味着，在煤油表面的空气中不会聚集易爆炸的蒸气，所以说煤油比汽油安全了很多。19 世纪中叶，当原油第一次从地底下被抽出来时，人们据此所能够制造出来的主要产品就是煤油。便宜的灯油让普通人家第一次能够熬夜。不幸的是，并不是所有的早期炼油厂都能仔细地除去煤油中比己烷更轻的烃类，于是煤油灯的爆炸事故在当时极其常见。约翰·D. 洛克菲勒将他的公司命名为"标准石油"，是因为他制定了煤油的标准，让其更加安全。他使用温度计来精确测量他的产品的沸点，而不是简单地把任何蒸馏过、看起来很干净的油类都叫作"煤油"。今天，按照传统，煤油依然被装在蓝色的容器里，以和汽油区别开来。

▽ 辛烷有 8 个碳原子和 18 个氢原子，可以是直链，也可以是支链。下图所示的支链烷烃叫作异辛烷，也就是汽油的"辛烷值"中所指的"辛烷"。纯的异辛烷，辛烷值当然就是 100 了。

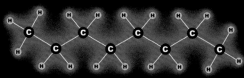

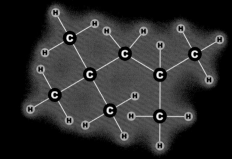

◀ 异辛烷

▽ 癸烷

◀ 尽管被叫作"燃料油"，但煤油其实是一种很清澈的液体，并不像重油那样黏稠。

◀ 柴油是一种比煤油更重的混合物，其主要成分是分子里含有 10~15 个碳原子的烃类（直链、支链、环状，有一些含有碳碳双键）。按照传统，柴油通常被装在黄色的容器里（如果给发动机加错了燃料，会是一件非常糟糕的事情，所以要牢记这些颜色标记）。

▷ 碳原子个数越多，烃类就越"重"，即它们的沸点和黏度都会增加（也就是说，它们更像"油"而不像"水"）。癸烷有 10 个碳原子和 22 个氢原子。

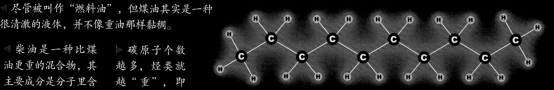

▽ 十一烷是一种有 11 个碳原子的直链烷烃。我坚信它是一种昆虫信息素。昆虫用它来吸引伴侣，而人类中的男性则把它用在跑车上——目的是类似的（它是一种高标号汽油）。

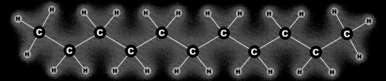

▶ 溶剂油被用在许多种溶剂和脱漆剂之中。比如，这个脱漆剂的主要成分是二氯甲烷和甲醇,也加了一些松香水。

▶ 二氯甲烷

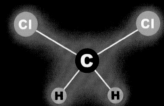

▶ 甲醇

那种在药店里而不是在加油站里出售的"矿物油"是一种清洁度很高的烃类物质，它几乎完全由直链烷烃组成，还含有少量支链烷烃，每个分子中碳原子的数目为15~40（链长较短的烃类占到多数）。你不会想吃任何一种矿物油，但这种食品级的矿物油保证对人体无害，所以可以涂抹在厨具的表面上。

长号油被用来润滑长号的滑动部分。它实质是一种很清亮的机油，同时也是一种很神奇的象征。长号油非常特殊。需要用它的音乐家们会为顶级品质的长号油付很高的费用。全世界所需要的长号油加在一起每年也不过就那么几加仑（1美制加仑约为3.8升——译者注）而已。（实际上，这个数字是我编出来的，仅是个参照而已，不必介意啦。）关键在于，不管你是多么优秀的制造商，也不论你制造的长号油有多好、价格有多昂贵，你都很难通过卖长号油发大财，因为它的市场实在是太小了。我发现这是一个很好的例子，可以用在说明很多事情上，现在你也可以用这个来说明问题啦。

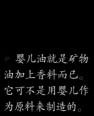

婴儿油就是矿物油加上香料而已。它可不是用婴儿作为原料来制造的。

"轻机油"的确是黏度很低的烃类油——比机油轻，但比溶剂油和燃料油要重。它和矿物油的区别在于你能在轻机油中找到更多种类的添加剂，比如非烃类物质、不饱和化合物（含有双键的烃类），它们对润滑有协助作用，同时也让机油的气味更重。

所有的汽车用机油都是一个含有许多添加剂的大杂烩，这些添加剂可以提高机油的质量，比如延长机油的寿命、防止金属表面生锈、清除引擎中的污物等。对于那些认为自己的机油里没有加入足够的添加剂的人来说，你可以从油料供应商那里购买浓缩的添加剂。它们常常被装在奇形怪状的瓶子里销售，商家宣称可以给你的发动机带来很大的益处——通常不是那么回事儿，就像橄榄油、功能饮料一样。

给你自己喝，还是给你的发动机喝？千万别把这两者搞混。两者都是为了增强发动机的表现——一个是机械的，一个是生物的。两者都是宣传而已，这一点你从它们都是摆在收银台边上出售的就可以看出来。有时候在汽车用品商店里，它们被摆放得实在是太接近了，都让人有些担心会拿错了。

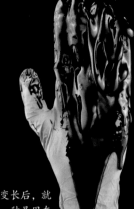

◀ 机油有点像矿物油，但要稍微重一些，由每个分子里含有18~40个碳原子的烷烃组成。不像清洁级矿物油，机油中除了纯烃类之外，还含有大量的其他物质，它通常是一种由很多种环状化合物、不饱和烃（含有碳碳双键）、芳香族化合物（含有一个由6个碳原子组成的苯环）随机组成的混合物。机油的分级并不是依据其组成的化合物，而是根据其黏度、能够耐受高温的程度以及其他一些表观性的测量指标。各个制造厂商自行决定往里面添加什么物质，以达到这些分级标准。

▶ 当油类所含有的烃类的碳链变长后，就会逐渐变得更黏稠。最黏稠的一种是用在火车上齿轮箱里的润滑剂。它被装在塑料袋里，用的时候直接将其连包装袋一起扔进庞然大物般的曲轴箱里就行了。齿轮们会毫不迟疑地撕碎塑料包装袋。

◀ 随着烃类含有的碳链的平均长度不断增加，黏度最终会让它不能再被称为"油"，而是变成了"脂"。二者的区别在于，润滑脂会黏附在那里，而润滑油则会到处流淌。

▲ 相对而言，合成机油的成分更加精细，机油只是从原油中分离出来的天然化合物而已。合成机油里面所加入的化合物让它有了更高的黏度，使它能够保持不流淌，并紧贴金属表面，以此来发挥它保护发动机免受磨损的作用。

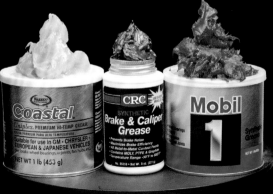

▼ 含有的碳原子平均数超过了润滑脂、由 20 ~ 40 个碳原子（多数偏向 40 个）构成碳链的烃类所组成的物质叫作石蜡。被精炼过的石蜡非常轻，比饱和的烃类还要轻。（容易搞混的是，在世界一些地方，"石蜡"这个词被用在液体矿物油上，而在美国，"石蜡"这个词通常指的是固体。液体和固体石蜡都是同一类物质，区别仅在于它们含有的碳链的平均长度。）

▼ 在石蜡之上就是聚乙烯塑料，虽然二者相差还不少。聚乙烯的碳链最短有数千个碳原子，最长的则有数十万个碳原子之多。（参阅第 7 章，了解有关聚乙烯的广泛用途。）

▷ 所有的矿物油、溶剂油、润滑脂、石蜡、塑料等的母液都是原油。这就是这种原料，直接从美国宾夕法尼亚州一个曾经的油田地下抽取出来。我过去总认为原油都是非常黏稠的，就像泥浆一样，有些原油的确如此。但是，这杯原油几乎就像由水组成的一样。究竟有多少化学过程是建立在处理这种物质的基础上的，究竟什么时候我们会耗尽最后一杯原油，这两个问题都令人遐思无限。

食用油

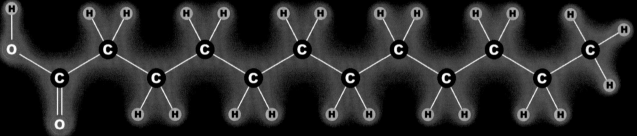

从植物和动物中获得的油类看起来跟清洁矿物油差不多，但它们的化学结构却存在着根本性的差异。

就像我们在前面讨论过的矿物油，动物油和植物油也含有碳链，通常有 14 ～ 20 个碳原子之多。但从生物体中获得的油类的碳链一端通常会带有一个叫作有机酸的基团（参见第 42 页，了解更多有关有机酸的知识）。这类分子就叫作脂肪酸。

脂肪酸末端的羧基可以使脂肪酸分子以某种方式连接起来，并且它们的确用到了这种连接特性，而这是简单的烃类完全无法做到的事情。在几乎所有的动植物油脂里，3 个脂肪酸都是通过一个甘油的骨架连接起来的。这种分子就叫作甘油三酯。

和矿物油类似，脂肪酸也因为碳链长短不同而变得多种多样，较长的碳链就产生了较厚、较黏稠的油脂。但对于脂肪酸而言，我们还必须关心一下分子中每个碳碳双键的精确位置和构型。这项工作非常有意义，因为它影响到人类的健康。就是这些双键，可以让人们讨论 ω–3 脂肪酸对人体有多少好处，反式脂肪酸又有多大害处。

▷ 甘油

▲ 甘油是一个多元醇。正如我们在第 38 页已经看到的那样，所谓醇类就是分子中含有一个羟基基团（–OH）的物质。甘油中有 3 个羟基，所以它是一个三元醇。

▽ 这是一个典型的脂肪酸——月桂酸分子。从表面上看，它很像前面提到过的烃类，但注意图中左边那个红色的氧原子：它使月桂酸成为了一个脂肪酸。它是"完全饱和"的，也就是说，它的每一个碳原子上都有两个氢原子与之连接，达到了最大限额（除了末端的那个碳原子，它和一个额外的氢原子来结束碳链）。所有的碳原子都通过单键彼此连接。这个分子以及碳链稍短或稍长一点的类似分子（在被组装成一个甘油三酯单位时）就构成了饱和脂肪。

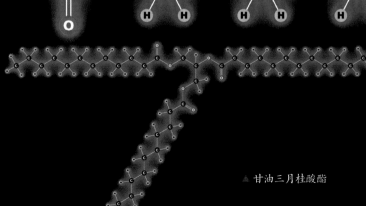

▲ 甘油三月桂酸酯

◁ 当一个有机酸（比如脂肪酸）的末端连接到一个醇的末端后，得到的物质叫作酯（参见第 43 页）。因为甘油中有 3 个醇羟基，它就能连接 3 个脂肪酸。如果你这样做了，得到的东西就叫作甘油三酯。图中这个是甘油三月桂酸酯，由 1 个甘油分子和 3 个月桂酸分子结合而成。所有的植物油脂和动物油脂基本上都是由此类甘油三酯组成的，但所使用的脂肪酸则是多种多样的。

食用油

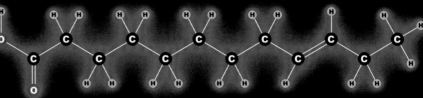

▲ 反式-ω-3-月桂酸

▶ 这里我们看到的分子与前面的月桂酸分子相似，但其中的两个碳原子之间有一个双键。就像我们在第19页所看到的那样，这就意味着这两个碳原子各自拿出一个"空槽"来形成了双键。因此，两个碳原子都少了一个可以用来连接氢原子的"空槽"。所以从总体来看，这个分子就比前面的月桂酸分子要少两个氢原子，它们被称为"不饱和化合物"。也就是说，我们可以额外加入氢原子，以完全满足它对氢原子的需求。双键在任何一对碳原子中间都可能出现，所以就需要有一个专门的标识系统，以利于识别某个具体的物质。离羧酸基团最近的一个碳原子就用希腊字母表的第一个字母 α（阿尔法）来标记。不过，人体所需要的脂肪酸的特别之处取决于双键离碳链的另一端有多远，而碳链的长度则是多种多样的。所以我们跳过中间的部分，无论碳链有多长，都把最末端的一个碳原子称为 ω（奥米伽）碳原子，因为 ω 是希腊字母表中的最后一个字母。这样，双键就被它离开 ω 碳原子的距离所标识出来了。所以，图中的例子就是一个 ω-3 的羧酸，看着是不是有点眼熟呀？

▼ 这里要介绍的是另一个让你敏眉头的概念。碳碳单键可以围绕着它们之间的轴很自由地旋转，所以像这样的分子是平面的，把它们之间的角度画成多少都可以。但双键是被固定在一个特定的方向上的。当碳链中的两侧位于双键的不同边时（以同一个方向延伸），

称为反式构型；而当其位于双键的同一边时（改变延伸的方向），称为顺式构型。所以，上图这个例子就是反式-ω-3脂肪酸。和顺式脂肪酸相比，它不利于健康。我想这种细微的差别是很难解释清楚的，但我们的身体就是一台敏感的机器，它对这类事情非常在意。

▶ α 阿尔法
　 β 贝塔
　 γ 伽马
　 δ 德尔塔
　 ω 奥米伽

▼ 顺式-ω-3-月桂酸

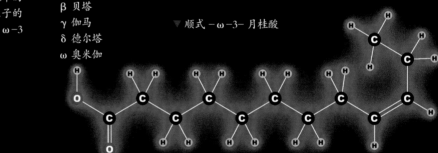

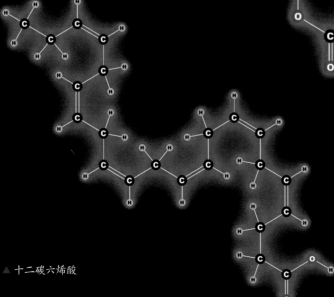

▲ 十二碳六烯酸

◀ 一个更复杂的例子！第一个例子里只有一个双键，也就是单不饱和的。但实际上你想要多少个双键，就可以有多少个。当拥有一个以上的双键时，这种化合物就被称为"多不饱和脂肪酸"。多不饱和脂肪酸对人体的好处会多一些，或者说至少不会和单不饱和脂肪酸、饱和脂肪酸一样对健康有害。因为每个双键都可以处于顺式或反式的构型，有许多的可能性，而生物体对于每一种可能性都很敏感。在动物体内和植物体内，只有特定的顺式脂肪酸或反式脂肪酸。这种特定的多不饱和脂肪酸具有一些特定的顺式、反式双键，是组成我们大脑、视网膜以及其他一些重要身体系统的"原料"。这种物质在海鲜中很常见，如果你没有吃足够多的鱼的话，你的身体可以用其他的脂肪酸来合成它。

▷ 鱼油中的甘油三酯富含顺式 -ω-3- 脂肪酸，这让它们的外观在图上看起来是蜷曲的，因为碳链每次遇到顺式双键都会改变一次方向。

△ 鱼油中 ω-3- 脂肪酸（参见之前关于顺式、反式脂肪酸定义的讨论）的含量很高。一些人认为，这就使它非常有利于健康。另一些人则只会提到它们可怕的味道，特别是鱼肝油那出了名的恶心味道。

食用油

△ 棕榈酸

△ 这个完全饱和的脂肪酸叫作棕榈酸，其名字就透露了它的来源是棕榈树。

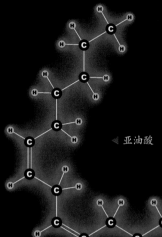

◁ 在 ω-6- 脂肪酸中，从末端数的第 6 个碳原子上连接有一个双键（参见之前的讨论，了解更多关于这种编号的细节规定）。这个例子是亚油酸，一种多不饱和脂肪酸，它在从末端数的第 6 个和第 9 个碳原子上都连接有双键。这种物质能在很多植物油中找到，它也被视为一种人们在饮食上所必需的脂肪酸。和维生素相似（参见第 184 页），如果你完全不摄入这种酸的话，你就很难活下去。不过和维生素不同的是，你想不从任何一种看似合理的饮食方案中获得足够的这种物质，几乎是不可能的。

◁ 亚油酸

▽ 棕榈油

▽ 3 个亚油酸分子和一个甘油的骨架组装起来，就能得到甘油三亚油酸酯。绝大多数植物油里都含有这种物质，而其在红花籽油中的浓度最高。

▽ 典型的植物油甘油三酯

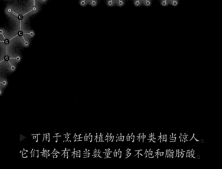

▷ 可用于烹饪的植物油的种类相当惊人。它们都含有相当数量的多不饱和脂肪酸。

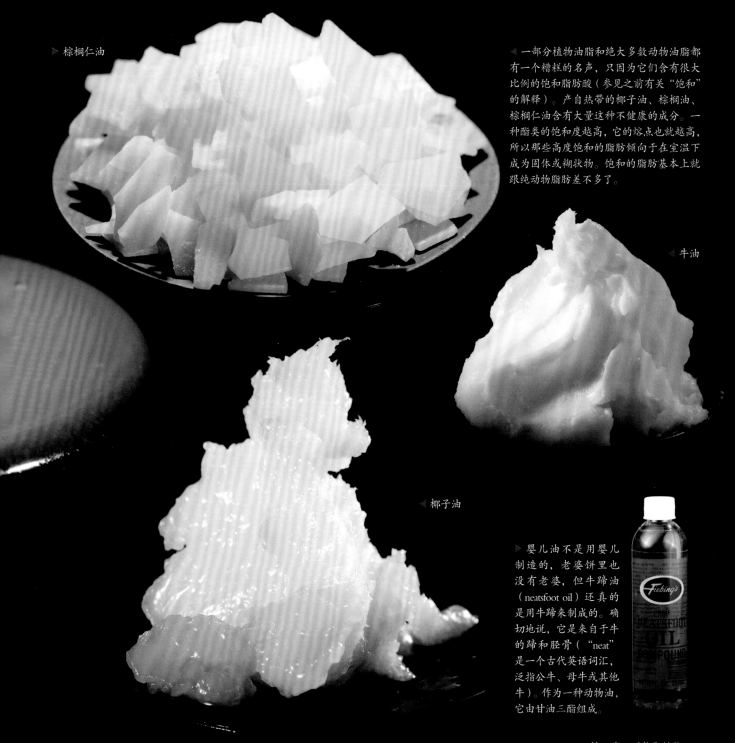

▶ 棕榈仁油

◀ 一部分植物油脂和绝大多数动物油脂都有一个糟糕的名声，只因为它们含有很大比例的饱和脂肪酸（参见之前有关"饱和"的解释）。产自热带的椰子油、棕榈油、棕榈仁油含有大量这种不健康的成分。一种酯类的饱和度越高，它的熔点也就越高，所以那些高度饱和的脂肪倾向于在室温下成为固体或糊状物。饱和的脂肪基本上就跟纯动物脂肪差不多了。

◀ 牛油

◀ 椰子油

▶ 婴儿油不是用婴儿制造的，老婆饼里也没有老婆，但牛蹄油（neatsfoot oil）还真的是用牛蹄来制成的。确切地说，它是来自于牛的蹄和胫骨（"neat"是一个古代英语词汇，泛指公牛、母牛或其他牛）。作为一种动物油，它由甘油三酯组成。

蜡

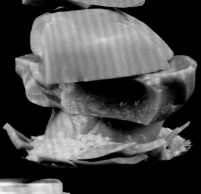

在本章的前面，我们讨论过石蜡，一种从石油中分离出来的纯烃类物质，而真正的蜡应该与肥皂（参见第4章）以及本章讨论的脂肪和植物油有密切关系。植物油都是由3个脂肪酸与1个丙三醇（甘油）结合而成的酯类，而蜡则是由1个脂肪酸和1个长链醇结合而成的酯类。

▷ 蜂蜡的颜色取决于这些蜡是仅来自于储存蜂蜜的蜂房（浅色），还是来自于储存幼虫和花粉的蜂房（深色）。此外，蜂蜡的颜色也反映了在被取下并提纯之前，这些蜂房被蜜蜂填满又抽空了多少次，用了很久的蜂房的颜色比只用了一季的蜂房的颜色要深一些。蜂蜡的颜色还与所含杂质有关：精制过的蜂蜡几乎完全是蜡状羧酸酯，外观就是白色的。

▷ 蜂蜡是蜜蜂制造的，主要是一种被称为三十烷基棕榈酸酯的酯类。这种酯的羧基左边有15个碳原子，而右边则有30个碳原子。

▷ 巴西棕榈蜡来自于巴西棕榈树的树叶，含有比蜂蜡更复杂的混合物，其中一些已经不是简单的酯，而是与长链的醇形成的双酯。

▷ 市面上销售的很多蜡被用于特定的目的。不同来源的蜡，含有的碳链的长度也有很大差别，它们能够彼此混合在一起，与溶剂配合就能做出几乎无限多样的蜡制品来。

◁ 巴西棕榈蜡因为特别硬且发亮而广受好评。不过在一些产品中，它会被溶剂所软化，变成糊状以便涂刷。当溶剂挥发掉后，表面上剩下的就是坚硬的蜡层，带有闪亮的光泽。人们将这种蜡用在保龄球的球道和汽车表面，以及其他一些需要光滑而闪亮的东西上。（巴西棕榈蜡又叫作巴西蜡，但并不是所有的巴西蜡都是巴西棕榈蜡，其中一些是蜂蜡和石蜡的混合物。）

◀ 特殊用途的蜡

第6章 岩石和矿石

化合物是由各种元素构成的，所以符合逻辑的推测是，为了得到化合物，就要把必需的元素放在一起。不过，现实恰好相反。

绝大多数情况下，你在自然界找到的东西是元素都已经组合在一起而形成的各种化合物。如果你想要的是元素，就不得不把这些化合物分解开。比如，你希望得到铁，在野外却找不到多少。在自然界中存在的铁只能来自陨石，而周围的陨石肯定没那么多（但至少它们还没有完全被锈蚀掉）。

所以，你就只能去找铁矿石了：从这种物质里，你可以提炼出铁来。"矿石"这个词是一种经济学上的描述，意思是这种物质可以被用来干什么。所以，"铁矿石"可以指很多种物质，无论它们的组成如何，都被用作金属铁的来源。

来自于特定矿藏中的矿石通常都含有一种特定的矿物质。与"矿石"这个词不同，"矿物质"表示一种特定的化合物，或者至少指以一种特定的化合物为主的混合物。当一块矿石很漂亮时，我们就叫它晶体甚至宝石；如果它很丑陋，我们就把它叫作岩石。

典型的铁矿石是一种由赤铁矿（Fe_2O_3）、磁铁矿（Fe_3O_4）和黄铁矿（FeS_2）以及其他一些含铁的化合物所组成的混合物。

◀ 磁铁矿是一种坚硬、有光泽的矿物质，擦亮后看起来有点像金属，虽然它实际上是一种氧化物（Fe_3O_4）。它的名字来源于它可以磁化这一事实，这就解释了为什么图中的这个头骨可以用磁铁吸起来，或许还可以解释它为什么被认为带有强大的通灵能力。

▶ 作为岩石时，Fe_2O_3 被叫作赤铁矿；但当它在某块被认为应该一直闪闪发亮的铁器表面上形成时，则被称为铁锈。

▶ Fe_3O_4 是一种铁氧化物的混合物。它不是由两种不同的化合物随意混在一起而形成的，相反，是由 Fe_2O_3 和 FeO 按照精确的 1:1 比例结合在一起，得到了氧原子与铁原子之比等于 4:3 的结果。这类化合物在矿藏中相当常见。

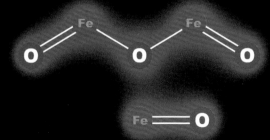

▼ 赤铁矿，也就是 Fe_2O_3，是钢铁厂处理量最大的两大类铁矿石之一。它也是铁锈的主要成分，在下图这个例子中你看到的红褐色的东西就是铁锈。把铁矿石熔炼为金属铁的过程是生锈的逆反应。换句话说，在我们认为铁锈是由铁转化而来的同时，铁又来源于铁锈的还原。

▲ 想象一下把这样漂亮的矿石磨碎，拿去制造卡车的车轴。不过，矿石就是矿石，没什么人去关注绝大部分的矿石。这一块赤铁矿的薄片很幸运地吸引了一个矿石收藏者的眼球，这才躲过了变成车轴的命运。

▲ 这些小球在 eBay 上被当作便宜的弹弓弹子出售，但这其实并非它们被制造出来时的用途。这些铁矿石原料本来是应该被装进高炉还原而得到金属铁的。它们被成百万吨地开采出来，再通过巨大的驳船船队和火车来运输，这就解释了为什么如果你想买一两千个这样的小球来当弹子，只需要如此便宜的价钱。它们最初是作为铁燧岩矿石，然后被碾碎分离出其中的磁铁矿，再被加热成这种方便的球形的。在加热过程中，磁铁矿（Fe_3O_4）被进一步氧化为赤铁矿（Fe_2O_3）。

▷ 大块的磁铁矿在历史上被称为磁石。它们有时候会自然地变得带有磁性，人们因此而有一个发现：摆在悬浮的软木塞上的小片磁石总是指向北方。这促使了第一个罗盘的出现。

▲ 这是 19 世纪的天然磁石罗盘的复制品。现代的罗盘使用更强力的磁铁，但即使是一块非常微弱的磁石也能发挥罗盘的作用，只要它能被保持精确的平衡。

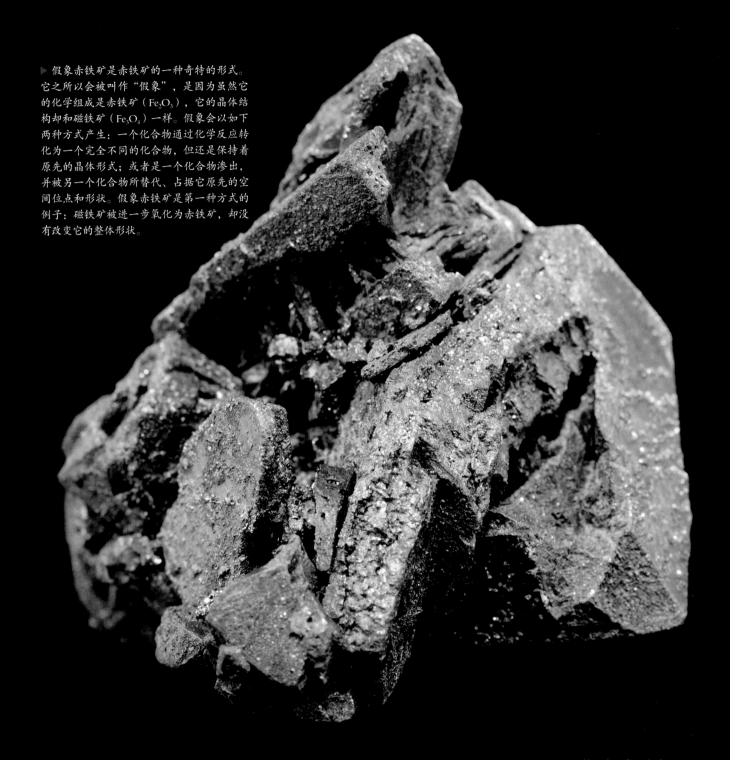

▶ 假象赤铁矿是赤铁矿的一种奇特的形式。它之所以会被叫作"假象"，是因为虽然它的化学组成是赤铁矿（Fe_2O_3），它的晶体结构却和磁铁矿（Fe_3O_4）一样。假象会以如下两种方式产生：一个化合物通过化学反应转化为一个完全不同的化合物，但还是保持着原先的晶体形式；或者是一个化合物渗出，并被另一个化合物所替代、占据它原先的空间位点和形状。假象赤铁矿是第一种方式的例子：磁铁矿被进一步氧化为赤铁矿，却没有改变它的整体形状。

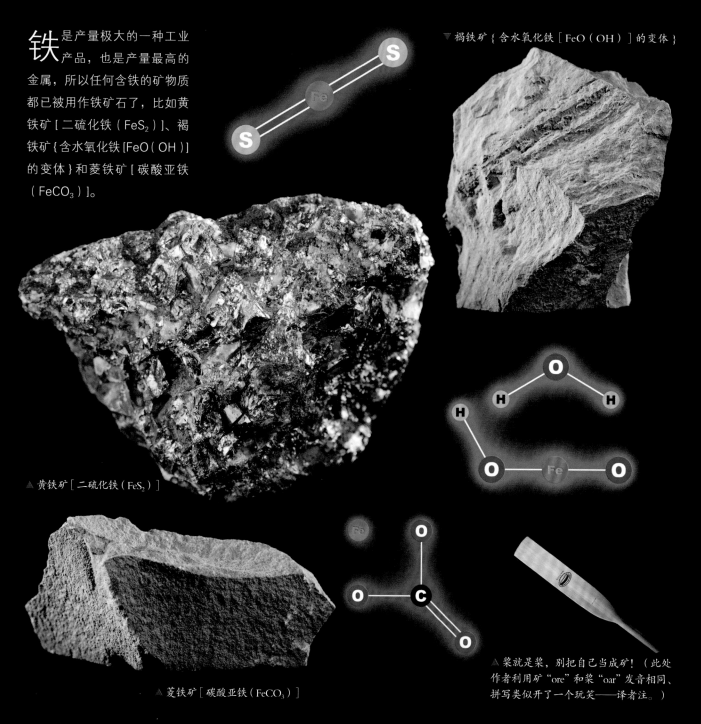

铁是产量极大的一种工业产品，也是产量最高的金属，所以任何含铁的矿物质都已被用作铁矿石了，比如黄铁矿［二硫化铁（FeS_2）］、褐铁矿{含水氧化铁[$FeO（OH）$]的变体}和菱铁矿［碳酸亚铁（$FeCO_3$）］。

▼ 褐铁矿{含水氧化铁［$FeO（OH）$］的变体}

▲ 黄铁矿［二硫化铁（FeS_2）］

▲ 菱铁矿［碳酸亚铁（$FeCO_3$）］

▲ 桨就是桨，别把自己当成矿！（此处作者利用矿"ore"和桨"oar"发音相同、拼写类似开了一个玩笑——译者注。）

矿石冶炼

如何将矿石变成元素，这取决于矿石本身。有时候最难的部分不在于寻找矿石，而在于搞清怎么才能把这种矿石精炼出来。

铁的冶炼相对容易：在有焦炭（煤块经干馏形成的坚硬物质，主要成分是碳）存在的情况下，只要将铁矿石加热，就能将其熔化为金属铁。早在 3000 年前，人类就已经知道了该如何做这件事情。（我之所以说相对容易，是因为它比大多数金属矿石的提炼都要简单，但孤立地来看，这却并非易事。加热所需的温度非常高，需要高超的技巧才能保持适当的条件。在知道如何冶炼铁之前，人类已经在大型城市里住了大概 150 代了。）

然而，冶炼铁可比把含铝的矿石变成金属铝要容易太多了。只有当你有了充足的电力后，才能用一种实用的方法将铝冶炼出来，所以在发电机提供的充沛电力替代化学电池组产生的涓涓细流之前，铝都是保持着神秘感的。今天，大量的铝在冰岛被冶炼出来，仅仅是因为那里的地热发电相当便宜。矿石用大型驳船的船队运到这里，铝锭则用集装箱船运走。它们来到冰岛，只是为了使用电力。

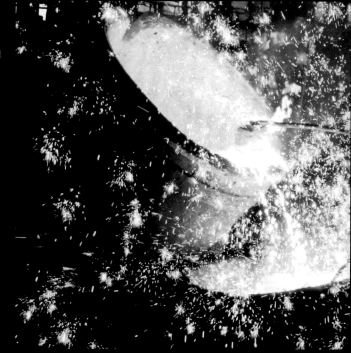

▲ 铁矿石在一种巨大的装置中变成金属铁。我的意思是，这种装置确实很大，它叫作高炉。铁矿石和焦炭（主要成分是碳）被塞进炉子里，然后整个炉子就被火焰加热，同时从其底部吹入压缩空气（也就是高炉在"鼓风"）。焦炭里的碳就会从矿石中的铁氧化物那里夺去氧元素，产生二氧化碳，同时让金属铁从铁矿石中游离出来。炉子的底部会流淌出白热的液态铁。

◀ 铝可以通过化学方法从铝土矿中提炼出来，但这种方法很难实现，因为其中所需要用到的元素实际上比铝还要难以从矿石中获得。但如果使用大量的电力，就能做到这一点。从铝土矿中获得氧化铝，还要再混入一些冰晶石（另一种含有铝的矿石），然后在巨大的槽里熔炼。每一个槽中都有一对电极，它们之间的电流高达数十万安培（但电压只有 3~5 伏特）。金属铝会聚集在阴极电极上，然后流动到槽的底部，并被定期抽取出来。图中我们看到的是熔化的铝矿石被加到一个槽中。请注意图片右边那根粗得令人难以置信的电缆。

▶ 冰晶石，也即六氟铝酸钠，曾被用作提炼铝的矿石，但现在它主要被用来降低铝土矿中氧化铝的熔点。非常巧合的是，世界上冰晶石储量最大的地方就在有廉价地热发电地区的旁边，电力出自冰岛，而冰晶石则出产自格陵兰。

矿石冶炼

▶ 铝土矿是一种主要的铝矿石。它是集中特定矿物的混合物，这些矿物有共生的趋势。

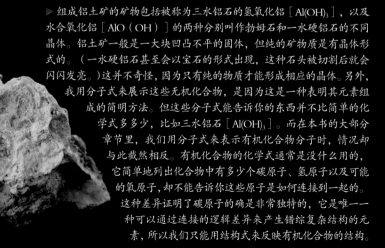

▶ 组成铝土矿的矿物包括被称为三水铝石的氢氧化铝［$Al(OH)_3$］，以及水合氧化铝［$AlO(OH)$］的两种分别叫作勃姆石和一水硬铝石的不同晶体。铝土矿一般是一大块凹凸不平的固体，但纯的矿物质是有晶体形式的。（一水硬铝石甚至会以宝石的形式出现，这种石头被切割后就会闪闪发亮。）这并不奇怪，因为只有纯的物质才能形成相应的晶体。另外，我用分子式来展示这些无机化合物，是因为这是一种表明其元素组成的简明方法。但这些分子式能告诉你的东西并不比简单的化学式多多少，比如三水铝石［$Al(OH)_3$］。而在本书的大部分章节里，我们用分子式来表示有机化合物分子时，情况却与此截然相反。有机化合物的化学式通常是没什么用的，它简单地列出化合物中有多少个碳原子、氢原子以及可能的氧原子，却不能告诉你这些原子是如何连接到一起的。这种差异证明了碳原子的确是非常独特的，它是唯一一种可以通过连接的逻辑差异来产生错综复杂结构的元素，所以我们只能用结构式来反映有机化合物的结构。

▶ 三水铝石

▶ 勃姆石

▼ 一水硬铝石

▲ 八棱形水铝矿晶体

更多的矿石

对每一种金属而言，都会有一种或一种以上的矿石含有它的化合物。被人们开采出来的矿石，以其中含量最大的金属来命名：铁矿石、铜矿石、铝矿石等。其他的金属则是附属品。比如，金属镓（一种外观相当灰暗的金属）的主要矿藏是铝土矿，也就是我们刚才谈论过的铝矿石的一种。镓只是铝土矿里一种次要的杂质，在冶炼铝的过程中，它作为副产品被顺便提纯出来。

同样的，"铂族金属"锇、铱、铼、铑和钌都是铂矿石在被冶炼时所得到的副产品，从商业角度来说，它们都是铂矿石里的杂质，这就使它们的价格极其起伏不定。当铑的需求量增大时，供应量却没有相应地增大（所以铑的价格就会上涨——译者注），而冶炼更多的铂矿石是不经济的做法，因为人们不会花费许多钱，只为获得矿石中少量的铑元素。当铂的需求上涨时，铑的价格则会下跌，因为铂矿石的开采量会大增，也就会有更多的铑被生产出来，无论有没有人需要这些铑。

◄ 黄铜矿，又叫作孔雀石，是最重要的铜矿石。它们也非常漂亮，因为其表面的氧化层有二向色性。但无论它们多么漂亮，矿业公司还是会将它们都磨碎的，因为从它们里面所提炼出来的铜更值钱。

◄ 总体而言，金矿是很不起眼的东西。当然，你偶尔也能发现纯的金块，但绝大多数金子都来源于那些完全不像是金子的岩石之中，就像图中这些岩石样本。它们是从一个可能是金矿的地方被开采出来的。

▷ 孔雀石是一种铜矿石，其主要成分是碱式碳酸铜，即 $Cu_2CO_3(OH)_2$。部分很漂亮的孔雀石样品被雕刻成艺术品，但绝大多数的矿石则被碾碎以冶炼出其中的铜。

▲ 硅孔雀石是铜与硅酸铝的混合物，人们开采它只是为了得到其中的铜，因为有更简单的方式获得铝，而且铜要比铝值钱多了。

▲ 方铅矿石是用来炼铅的，就像黄铁矿是用来炼铁的一样：它是硫化铅（PbS）。

更多的矿石

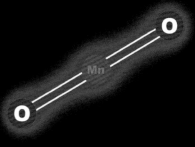

△ 锰和镁可不是同一种东西，而且如果你发音正确的话，它们的名字听起来也并不是很相似。锰的矿石是软锰矿，其成分是二氧化锰（MnO_2）。

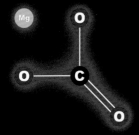

△ 菱镁矿的名字听起来像一种有磁性的矿石（菱镁矿的英文"magnesite"与单词"magnetic"的拼写很像，所以容易被人们误认为有"磁性"的意思——译者注），所以它可能是一种铁矿石，但它单词里面的"mag"实际上来源于单词"镁"。菱镁矿的主要成分是碳酸镁（$MgCO_3$）。

通常而言，岩石和矿石都会以初次发现它们的山脉或地区来命名。这是因为在人们还没搞清楚这些矿石的主要成分之前，这些巨大的、显而易见的高山通常早已有了名字。但意大利的多罗米特山（Dolomite mountains）却恰好相反，它是先有了白云石［dolomite，主要成分是碳酸钙镁，即 $CaMg(CO_3)_2$］这种镁矿石之后才有了山脉的名字，而白云石的名字来自地质学家德奥达·格拉特·德·多洛米厄的名字。这可能是因为拿破仑在1800年征服了这一地区，才使一个意大利的山脉以一个法国地质学家的名字来命名（不过，德·多洛米厄两年后被意大利人所俘虏）。政治啊!

△ 锡的矿石是锡石，其主要成分是二氧化锡（SnO_2）。

⚠ 闪锌矿是锌的矿石，其主要成分是硫化锌（ZnS）。它通常会被一些硫化铁所污染。

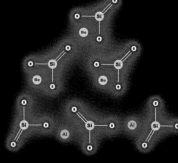

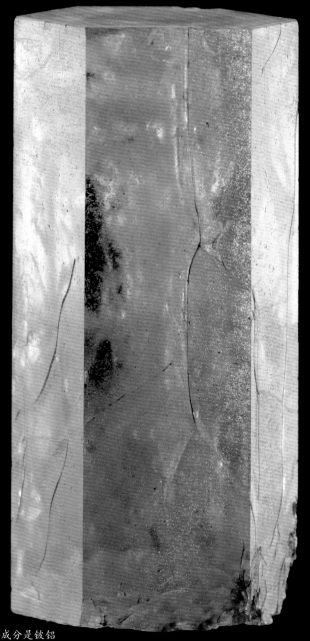

⚠ 铍的矿石是绿柱石，其主要成分是铍铝硅酸盐环硅酸铝铍 $[Be_3Al_2(SiO_3)_6]$。当它以透明的晶体形态出现时，它就是贵重的绿宝石；而当它是丑陋的块状物时，则会被扔进碎石机搅碎，制成导弹的零件。教训：如果你生而为岩石，那就尽力美貌。

⚠ 当绿柱石因为其中的杂质显得颜色特别绿而引人倾心时，就被称为祖母绿。

不仅仅是为提取单质而存在的矿物

"矿石"这个词被用来特指那些可转化为金属的岩石（金属是元素的纯单质）。还有许多其他的东西从土地里被挖出、抽出或收割，但它们并没有变成元素单质，而是直接变成了其他一些有用的化合物。

许多你所熟悉的化合物是由另一种化合物通过一连串的化学反应转化而来的。有时候，一种或两种元素单质会介入其中，但这只是一种例外情况。（最常见的例子就是氧元素单质介入氧化或燃烧的反应。）

比如，椰子壳的纤维可以用来提取一种组分（纤维素），将其提纯分离出来的化合物就叫作人造丝。药物来自蜗牛和植物，肥皂来自动物脂肪和树木，颜料来自植物和矿物，香料来自鲸鱼和野花，还有其他一些东西来自原油。

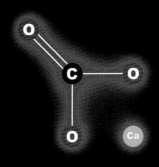

石灰石的主要成分是碳酸钙（$CaCO_3$）。从理论上来说，它可以被用作提炼金属钙的矿石，但实际上它比较常见的使用形式是被采掘出来，比如，被打成碎石来铺路。它也是农用石灰（经过仔细研磨的碳酸钙）和硅酸盐水泥（氧化钙与硅氧化物、铁氧化物和镁氧化物的混合物）的来源。

原油是许多化合物非常重要的来源。它是大部分有机化学工业最基础的原料，因为它含有很多种类的化合物，可以作为初始原料，也因为这些化合物含有许多的化学能。这意味着它具有向下转化为种类更多的化合物的能力。回顾过去几十年，我们追悔不及，因为我们真是够蠢的，居然把那么多非常宝贵的化学资源都给白白烧掉了。比如，当石油被用尽后，塑料就会变得很难获得，其价格也会随之变得昂贵。

混凝土和水泥不是同一种物质。水泥更特指硅酸盐水泥。这是一种非常细腻的粉末，是含有特定成分的混合物，包括氧化钙（通常又叫作生石灰）、硅氧化物、铁氧化物和镁氧化物。当它和水混合后，几个小时以后它就会变得像石头一样坚硬。混凝土由硅酸盐水泥、沙子和碎石（又称为集料）共同组成。水泥是黏合剂，它可以把集料聚拢在一起，就形成了混凝土。

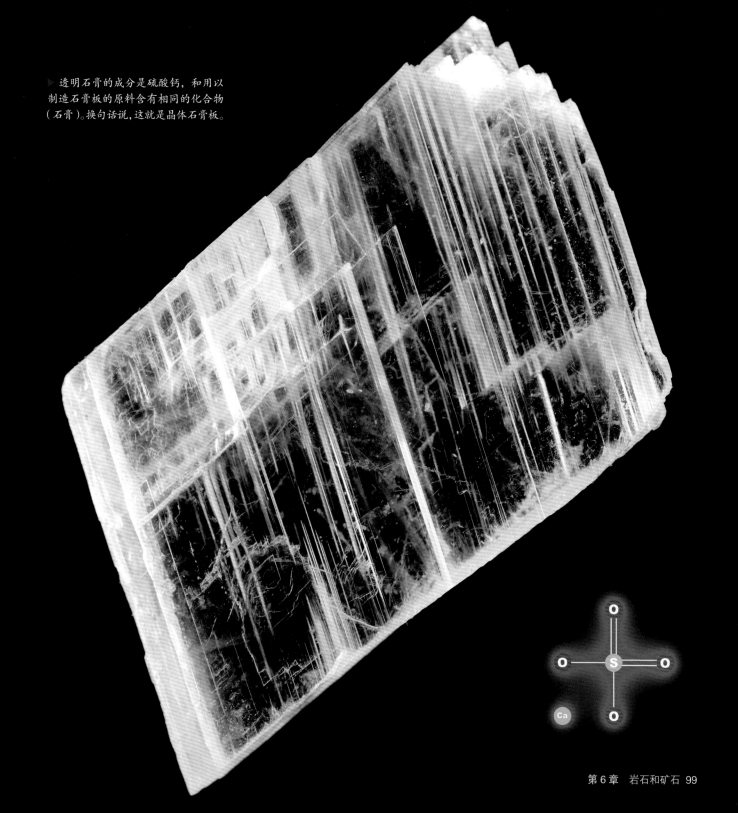

▷ 透明石膏的成分是硫酸钙，和用以制造石膏板的原料含有相同的化合物（石膏）。换句话说，这就是晶体石膏板。

不仅仅是为提取单质而存在的矿物

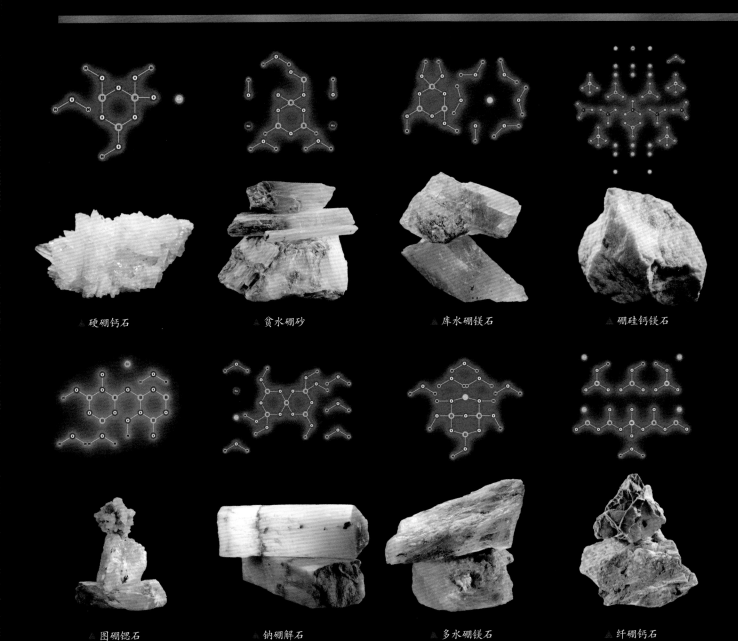

硬硼钙石   贫水硼砂   库水硼镁石   硼硅钙镁石

图硼锶石   钠硼解石   多水硼镁石   纤硼钙石

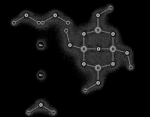

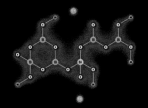

所有这些矿物都可以作为硼的矿石，但大多数情况下，它们都被用来提取硼砂和其他含硼的化合物，而不是用于提取硼单质。纯硼单质用途不多，但是制备困难，且价格昂贵。如果你需要含有硼的化合物，可以从一种化合物通过反应进行制备，而不需要经历制取硼单质的过程，这种制备方法更加简单便宜。

硼砂（硼酸钠）通常由其他矿物制备而来，但自然界也存在硼砂晶体。

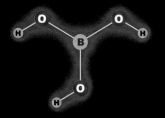

三方硼砂

硅硼钙石

硼酸的分子式是 H_3BO_3。如果你读过第 2 章，你也许会好奇为何称其为"硼酸"，而不是"硼醇"：如果用碳原子取代硼原子，那么它应该算是三醇才对呀（这个物质实际上不会存在，因为碳原子不能连接 3 个氧原子）。但是硼并不是碳，硼酸分子的电子结构注定了其中的氢原子上的化学键并不强，在水中容易被电离，这是酸的基本性质。

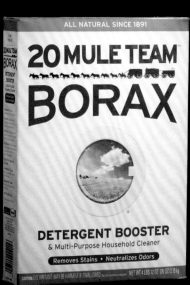

人们最常见的含有硼化合物的东西应该就是洗涤用品了，其中使用了过硼酸钠，它被单独使用或者与洗涤剂混合使用。图中这种经典的"20 Mule Team Borax 洗涤剂"就含有从本页所提到的这些矿物中提取出的含硼化合物。

斜硼钠钙石

水硼钙石

硼酸（H_3BO_3）的钠盐经常被用在清洗工作中，硼酸本身也被用作杀虫剂。

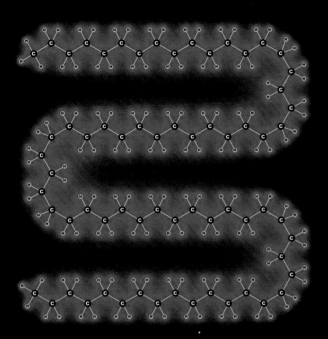

第 7 章

绳子和纤维

如果你对原子和分子的世界有个直观感知的话，那么这种感知很可能是错的。电子不存在于任何地方，光同时既是波又是粒子……一切都是那么不可思议。所以，我有些惊讶，尽管这是显而易见的——大部分纤维都是由又长又细的分子组成的。当这些分子的排列方向一致时，纤维就变得牢固。当分子在纤维中排成直线时，你甚至可以通过手直接感受到这些纤维中分子的排列。

这些长分子被称为聚合物（polymers），因为它们由许多（希腊语 poly）重复的单元（希腊语 meros）组成。聚合物中最简单的物质就是聚乙烯，它由无数的乙烯单元聚合而成。

聚乙烯分子纯粹就是简单的、非常非常长的碳原子链，每个碳原子上都带着两个氢原子，和我们在第 5 章中看到的矿物油里的那些成分几乎一样。当把碳原子连接在一起时，首先会得到气体，之后是液体，然后是轻质油、重质油、油脂、石蜡。最后，在合成过程的终点，将会得到由数以千计的碳原子组成的链条，这就是聚乙烯。

◁ 在这根长约 5 厘米的尼龙绳里，交织着己二胺和己二酸的分子单元。

▷ 聚乙烯是一种柔软的分子，可以自由地折叠和弯曲。围绕碳—碳键旋转存在一些阻碍自由运动的力量，但是这个力量并不强。

▷ 聚乙烯由许多乙烯分子聚合（也就是说，分子彼此连接在一起）而成。乙烯每年的全球产量比起其他有机化合物高出很多，而大部分乙烯都被用来生产聚乙烯了。关于乙烯的一个令人惊讶的事实，它可以对植物产生一种类似激素的作用，加速其成熟。而激素通常都是更加复杂的分子！右图中的装置被设计用来吸收乙烯，以使水果可以保存更长的时间。同样也存在相对应的装置，释放乙烯而使水果加速成熟。

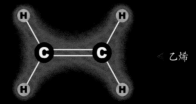

◁ 乙烯

最简单的聚合物

聚乙烯被广泛用于制造各种东西，但其绝大多数的特性都可以从一次性塑料购物袋上看到。碳链组成了这些单薄而脆弱的袋子，每个碳链有几千个原子长，它们随机排列着——有些卷曲着，有些缠绕着其他碳链。这些碳原子组成的材料十分容易变形，因为不同的链条之间除了一种十分微弱的作用力外（这种作用力被称为范德华力，参见第12页）没有别的联系。因此，聚乙烯分子可以非常自由地弯曲、伸直，并且互相滑动。

当你朝不同方向拉扯聚乙烯塑料袋时，可以轻松地把它拉伸或撕开。但是如果你继续将它拉伸得越来越长，那么在某些点它会突然停止拉伸，变得无比强韧，容易勒伤手指。在这些点上，所有的分子都已经沿着你拉伸的方向排列，它们已经被拉伸到极限，无法再拉开了。你感觉到的阻力就是碳—碳键的力量。

强化版的聚乙烯有更长的、预先拉伸过的碳链。但是无论哪种聚乙烯材料，这些分开的大分子之间都没有相互连接。所以，当你拉扯它们的时候，它们有什么理由不彼此滑动呢？同理，短纤维在一起也可以交织成一条长绳子。

这种令人满意的光滑固体方块由超高分子量（UHMW）聚乙烯制成。比起只有1000~2000个碳原子长度的普通聚乙烯，组成它的每个分子都有几十万个以上碳原子那么长。一个50万个碳原子的聚乙烯分子大约长0.05毫米，对一个分子来说，这可真是挺长的。

迪尼玛是超高分子量聚乙烯纤维的商品名，它被用于制作绳子和防切割手套（如上图）。在这种纤维中，95%以上的分子顺着纤维的同一个方向排列。

当温度上升时，聚乙烯分子之间可以比较容易地互相错开滑动，这意味着聚乙烯的熔点不高。我们可以加热以使其熔化，这样方便浇铸、压制、注塑，或通过其他方法让它在合成后依然可以变成新的形状。下图中这样的颗粒状聚乙烯没有其他用途，只是为了再被加热并制成其他东西。

任何人尝试撕开塑料袋时，都知道怎么撕才正确。如果将塑料袋拉扯成一小股，那么你肯定撕不开，塑料袋会瞬间变得强韧而坚固。

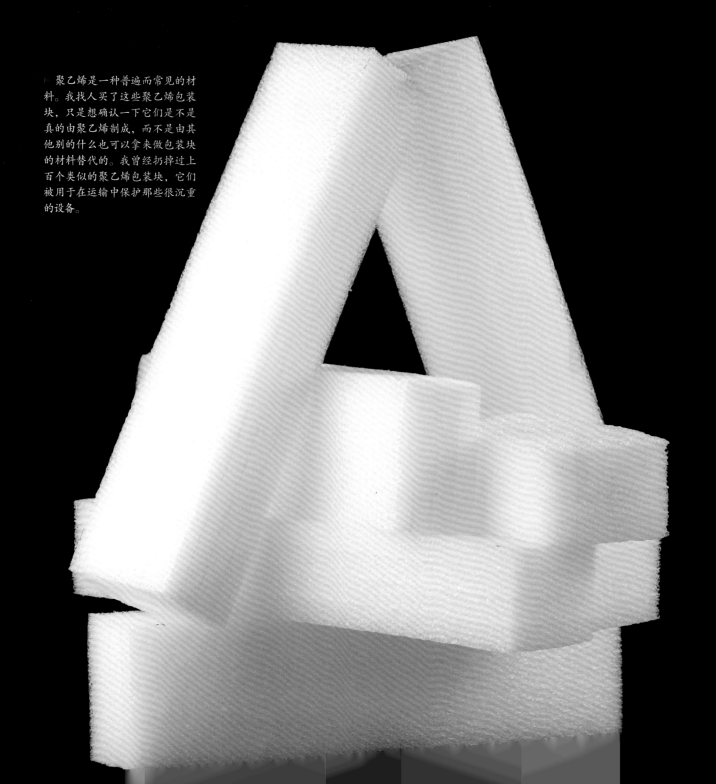

聚乙烯是一种普遍而常见的材料。我找人买了这些聚乙烯包装块，只是想确认一下它们是不是真的由聚乙烯制成，而不是由其他别的什么也可以拿来做包装块的材料替代的。我曾经扔掉过上百个类似的聚乙烯包装块，它们被用于在运输中保护那些很沉重的设备。

扭转成线，强韧有力

在一条长约 5 千米的棉线中，棉花纤维只有大约 2.5 厘米长。它们互相之间并不是靠什么东西黏在一起的，棉线如此强韧，只是因为纤维之间互相交织在一起：一股棉线上的纤维通过它们粗糙的表面而彼此缠绕着。

短小的棉花纤维完全通过这种方式互相紧锁在一起，形成一条长棉线。许多长分子可以通过随机的交织互相纠缠在一起，它们互相扭曲、插入对方的缝隙中。虽然相邻分子之间的原子间作用力并不是很强，但是当分子链条中数以千计的原子排列起来、彼此靠近时，总的作用力使它们再也难以相互滑动。

这种现象同样也在漫长的时间长河中维持了人类的文明：我们每个个体的生命虽然只有短暂的数十年，但是我们之间的联系却由于代代相传而更加紧密，我们中的每个人都通过自己的生命紧密地和过去的人、未来的人联系在一起。人类从当初坐在第一堆篝火边直到今天，以自己寸长的生命织成了人类如此漫长的文明之线。

这些棉花纤维刚从轧棉机中出来，它们在轧棉机里和种子分开。在 19 世纪以前，从约 0.5 千克的棉花中分离种子需要一个人工作一整天，轧棉机的出现至少让效率提高了 15 倍。考虑到制作轧棉机的技术早已存在了千年，而在此之前却从未有人尝试过制造它，如果你细想一下，就会发现人类是多么聪明，必然会不断进步。在此之前，人们坐在一起，用手从棉花中挑出种子，日复一日、年复一年、一个世纪又一个世纪。

这个线轴（被称为锥形筒子）里包含着至少 5.5 千米长的 3 股棉线，如果你把 3 股独立的棉线分开的话就是大约 16 千米长。组成这条线的每条独立的棉纤维只有大约 2.5 厘米长，它们仅仅通过互相卷曲缠绕而组合在一起成为一条线。

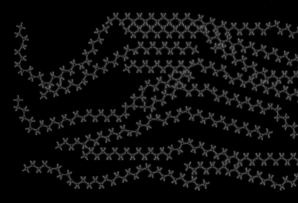

在聚乙烯链里，碳原子之间的作用力非常强，但是不同的碳链之间仅仅只是靠互相缠绕及分子间弱小的范德华力维持着。

如果你解开棉线，可以在不损伤任何一条独立纤维的情况下把它们分开。在复合线中，分开纤维的工作更难进行，因为纤维的交织是顺着不同方向延伸开的，最终拧成了一条线。

▽ 这是生长出棉花的植物。在棉花的果实棉铃（cotton boll）中，纤维围绕着种子生长，以保护种子，同时协助种子随风或者随动物散播。棉铃的单词"boll"中的确是"o"，而不是"a"。虽然棉铃长得像个棉球，但是它和你在药店里买到的卫生棉球（cotton ball）完全不同，尽管两者大小差不多，但药店里的棉球是被人挤成球状、经过深加工后的棉花纤维。

鞋状分子

在聚乙烯中，每一个长链分子都是完全独立的，它们之间不存在任何化学键。但是有一类聚合物由相似的长链分子组成，独立的分子之间会通过被称为交联反应的过程及化学键结合在一起。交联反应可以令材料强度提升，并且可以抵抗高温下的熔化。同样，它也能避免"蠕变"，如聚乙烯这类材料长时间在高压下被使用，由于独立的分子之间的缓慢滑动而渐渐发生形变。

在某种程度上，交联反应使材料变成一个巨大的单分子，其中的任何一部分即使被加热都无法拆开。所以一旦

某个材料发生交联反应，那么它就无法再被熔化。这意味着交联反应应该在材料已经被塑形成最终形状后进行。（或者用机械加工的方法将交联后的材料加工成最终产物该有的形状。）

硫化橡胶就是一种早期交联聚合物。其中的硫化过程通过加入硫黄、加热、加压完成，这一步骤可以把橡胶分子用硫原子连接起来。（任何通过加硫和加热完成的过程都会被冠以"火山之神"伏尔肯的名字，因为火山同时存在热和硫黄，以及令人窒息的刺鼻气味。）

今天，已经有许多人工合成的交联聚合物家族了。

天然橡胶来自植物（当然，还需要经过纯化才行），它在医疗和科研方面有着广泛用途。这卷乳胶管与其他许多合成材料相比有更强的弹性和延展性。

▽ 硫化橡胶

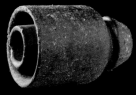

通过交联反应，硫化橡胶会变得坚硬（通过加入更多硫元素参与交联），像是固态的塑料，一点也不像通常情况下你所认识的橡胶。用来制作绝缘材料和单簧管的硬化橡胶甚至含有30%的硫。

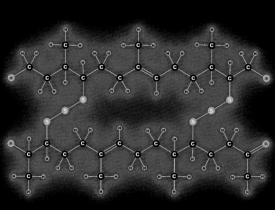

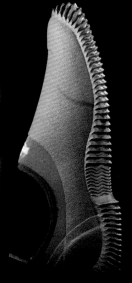

这类鞋的鞋底是用硫化橡胶做成的，由于这个原因，它不会软化或熔化。在某种意义上，硫化橡胶是一个巨大的鞋子形状的单一分子。受热时，这个大分子会碳化、燃烧，而不是熔化。

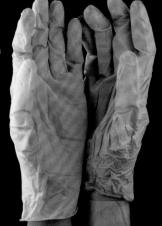

△ 液态乳胶被用于许多特殊的用途。它是未经硫化的天然橡胶，分子之间并没有发生交联反应，因此乳胶可以溶解在许多不同的溶剂中。乳胶是处理手术疤痕和皮肤脱落的好帮手，因为它的外表干了以后会变成一层"外皮"覆盖在依旧是液态的部分外面，使患者能够进行一些较剧烈的运动。

▷ 丁腈橡胶在分子结构上和乳胶有些许相似，但是它完全是人造产物，并且不会含有天然乳胶中含有的任何致敏成分（来自橡胶树的成分）。丁腈橡胶并不存在复杂的二级结构，因此相对来讲，天然乳胶有更出色的延展性和弹性。

△ 你可以用乳胶制造出许多逼真的手绘面具，比如上面这个东西。

△ 乳胶并不只是用于严肃的医学目的，这些人造花也是用染色的天然乳胶制成的。

◁ 乳胶手套（绿色的）在医院中十分常见，它通常用于防止感染，同时使人的触觉保持敏感。然而，有些人对乳胶过敏，因此有类似的用合成的丁腈橡胶制成的手套（蓝色的）作为替代。手套的颜色并不是制造它们的材料本身的颜色，而是人们添加进去用于区分的。

▽ 丙烯腈单体

△ 丙烯腈聚合物

▽ 杜仲胶单体

杜仲胶（又称古塔胶）

▽ 杜仲胶与天然乳胶的化学结构十分相似，但它和天然乳胶之间还是有微小的结构差异的，使它更坚硬，即使在没有发生交联反应时，它的触感也类似塑料。这是用杜仲胶做成的相框，无论是看上去还是摸上去都像是硬塑料。

▷ 杜仲胶是从胶木属植物杜仲中提取的经典材料，甚至连名字都充满了古典意味。现在它被用来填充牙医刮除坏牙中的死神经和血管后留下的空隙，我的牙齿中就含有一些杜仲胶。杜仲胶（这些小棍末端被染成红色的部位）可以被植入牙根中，通过填充牙齿中的空隙在免疫系统介入之前防止感染。人们考虑过采用其他的填充材料，但是至今还没发现效果更好的。

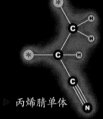

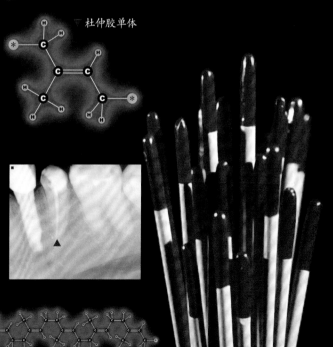

△ 杜仲胶聚合物

性感的人造纤维

纤维工程需要很高的技术。断裂强度是衡量纤维品质的一个重要指标，但并不是唯一的指标。例如，在合适的条件下，碳纤维比任何其他已知纤维的断裂强度都要强（碳纳米管纤维也许比它还要更强一个等级），但是碳纤维却非常脆，所以在许多应用上，别的纤维完全可以击败碳纤维。

凯夫拉纤维是一种对位芳纶纤维的商品名称（其化学名称是聚对苯二甲酰对苯二胺），它的断裂强度非常大，很像碳纤维，但它同时也十分强韧，这意味着它在断裂前可以吸收大量能量，因此它常被用于防弹背心和鱼线上。凯夫拉纤维还有很强的抗磨损能力，因此也可以用于绳索和防护手套上。

其他纤维的品质也令人十分满意，因为它们可以浮在水面上、不会腐烂，或者如皮肤一般柔软。通过对纤维的化学结构（组成纤维的分子结构）或者纤维的物理形态（纤维编制的方式，直线或弯曲）进行修饰，人造纤维可以被设计得满足人们多方面的需求。

在许多情况下，人们制造这些人造纤维的最终目标是制造出更便宜、更令人觉得自然而舒服的纤维，就像天然纤维一样，因为天然纤维有一些非常卓越的性质。

尼龙

尼龙的聚合物链由己二胺和己二酸分子交替组成。像尼龙这样的聚合物被称为共聚物。

尼龙中的
己二胺单体

尼龙中的
己二酸单体

尼龙66

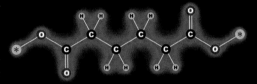

腈纶

这条人造毛毯无疑是柔软的，而且超乎你想象地温暖，简直让你想把自家的猫卖掉，因为接下来你不需要抱着它了。我不太确定哪种材料更卓越，因为腈纶纤维和真正的毛皮触感几乎一模一样，不过考虑到腈纶材料的毯子可能太安静了点儿，所以直到2013年，腈纶的生产厂家才开始考虑让他们的毯子发出呼噜呼噜的声音。

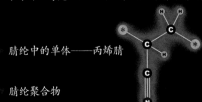

腈纶中的单体——丙烯腈

腈纶聚合物

随着尼龙的发明，长筒袜的制造取得了长足的进步。事实上，尼龙织物几乎可以说是人造纤维最早的成功案例——公众第一次可以让自己立刻就体验到人造材料那超越天然材料的优异性能。

尼龙被认为是推动长筒袜和连裤袜工业的革命性产品。今天，我们认为这是理所当然的事情，而在尼龙初次进入公众视野时，这却是个了不起的成就。

尼龙为什么那么适合做长筒袜？原因很简单，因为它十分强韧，即使是透明丝袜上非常细的尼龙线也有不错的抗裂能力。要是线再稍微粗一点，比如像鱼线那样，在线的末端挂上110千克的重物，它甚至还能保持不断。

性感的人造纤维

凯夫拉纤维

凯夫拉纤维中重复的单元是非常复杂的结构，它们和附近的聚合物分子能够协调并牢固地彼此黏合在一起。

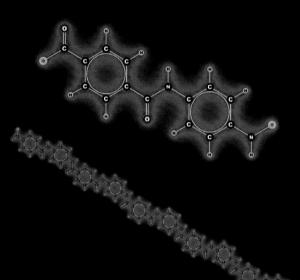

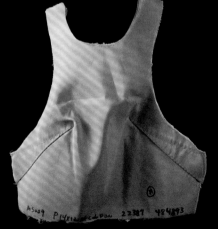

这件防弹刺背心是用凯夫拉纤维织成的，它被设计成专门用来抵挡粗陋的尖锐武器的袭击，而不是枪或者市售的刀具，换句话说，它们是用来装备狱警的。防弹背心和这个差不多，但要更厚一点。

我为美国《大众科学》杂志写过关于这种材料的专栏：这是一种防爆贴纸！它在我用一个落锤破碎机测试时（由于手头没有炸弹，只好暂时换个东西替代）表现得真的非常好。它的强度决定于埋植在厚橡胶片中的凯夫拉纤维。在二者共同作用下，这种材料的强度和弹性可以很好地吸收爆炸中产生的冲击。

聚龙纤维

▽ 聚龙纤维的抗拉强度甚至超过了凯夫拉纤维，但它有一些局限性，所以应用范围不如凯夫拉纤维广泛。聚龙纤维就像凯夫拉纤维一样，组成它们的聚合物单元有着非比寻常的复杂结构。

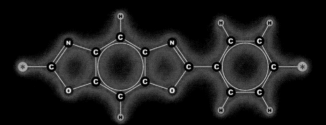

◁ 像这种由凯夫拉纤维制成的手套被用来保护手，一般供屠夫或杂耍学徒使用，以避免手被锋利的刀子割伤。

▽ 这条由凯夫拉纤维制成的绳子直径不到3.5毫米，但它却足以承受908千克重物体的拉力——完全可以吊起一辆小轿车（当然，最好不要有人待在车下，我们可不能保证其安全）。

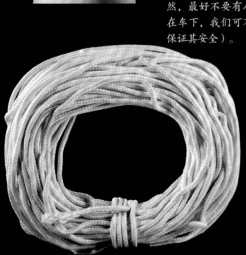

性感的人造纤维

聚丙烯纤维

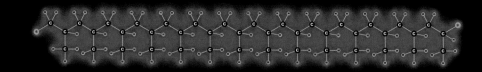

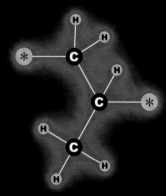

这是一种常见的聚丙烯绳子，我不太喜欢它。尽管我不觉得这种不喜欢是聚丙烯酰胺本身的错，但这种绳子的纤维确实挺粗的，因此它的触感粗糙而坚硬。它就像一束彼此独立而纠缠在一起的单纤维鱼线一样。甚至只要回忆一下那些我努力给它打结时的场景，都会让我觉得自己的手受伤了。图中是我给出的一个糟糕的打结的示范。

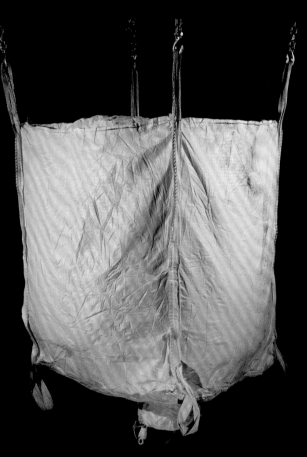

这是一个巨大的袋子，它的体积大约有一立方米那么大，并且可以承受大约 1250 千克的重物。它的上面设计有绳圈，用来穿过铰链或者挂上叉车的叉齿，在底部还有个开口用来让里面的东西（比如沙子）流出来。制作这个袋子的材料就是聚丙烯。

聚酯纤维

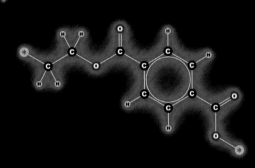

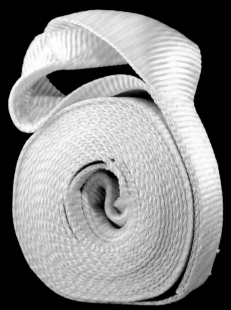

▶ 这条宽 15 厘米的带子被设计用来拉动一些重物,比如卡车或拖拉机。它有高得无与伦比的断裂强度,足以承受 30 吨重物体的拉力。它由聚酯纤维制成,这使它在断裂前有很大的拉伸——这一点和常见的它的替代品钢索的表现不一样,钢索在断裂之前并不会表现出显著的屈服和延展。聚酯纤维带和钢索在承受巨大的拉力时表现不太一样。聚酯纤维带可以吸收大量的能量而不断裂,因为它可以延展。然而,这也使聚酯纤维带更加危险:当聚酯纤维带断裂时,它吸收的大量能量会在一瞬间全部释放出来,这意味着你一定永远、永远不要站在一条被崩得紧紧的聚酯纤维带的一端。而钢索断裂时只会稍微移动一小段距离。另一个不同点是,钢索是冷而坚硬的东西;而聚酯纤维带则是柔软的,它的触感就像上好的丝绸,它和丝绸的区别大概只是更廉价,而且比起高雅地缠在人的脖子上,它更适合缠在卡车的轴上。有前途!

聚羟基乙酸和聚二氧六环酮

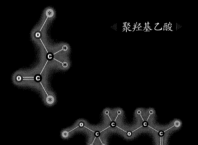

◀ 聚羟基乙酸 ▶

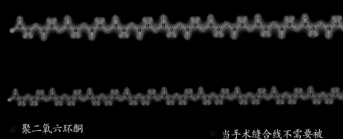

聚二氧六环酮

▶ 在过去,唯一的一种可以被身体自然吸收、能用作手术缝合线的物质就是羊肠线。而今天人们则会使用两种人造聚合物——聚羟基乙酸和聚二氧六环酮,它们可以轻易地被身体吸收,而且不会出现使用天然材料时可能会发生的不良反应(包括难以预测的物理特性和高污染风险)。

▶ 当手术缝合线不需要被身体吸收时,最适合采用尼龙线或者聚丙烯线。

由糖组成的植物纤维

天然纤维的世界丰富多彩，尤其是从椰子到骆驼上的那些毛茸茸的东西都可以用来制作绳子、纱、线和衣服。用狗毛做的袜子也许看上去挺诡异，不过，实际上它能比用绵羊毛（毛线）或者山羊毛（马海毛）做的袜子奇怪到哪儿去？即使是人的毛发都可以被拿来编制手链和项链呢。

植物产出的纤维在化学组成上很简单，并且和人造纤维在许多地方十分相似。大多数植物纤维都是由纤维素组成的，纤维素是由无数独立而重复的葡萄糖分子结合而成的。

事实上，有一部分微生物（生活在动物肚子里的微生物）可以吃纤维素，并从它们的糖中获得能量（换句话说，它们吃草）。其他一些生物，例如我们人类，并没有可以消化纤维素的酶，所以，为了获得纤维素中的能量，我们只好用纤维素来喂食其他动物，然后吃它们的肉或者喝它们的奶（这就被称为畜牧业）。

▽许多植物纤维包括一部分的木质素，木质素的重复单元含有3种醇类分子：芥子醇、松柏醇和对香豆醇。（关于醇类的更多化学定义请参见第38页）。

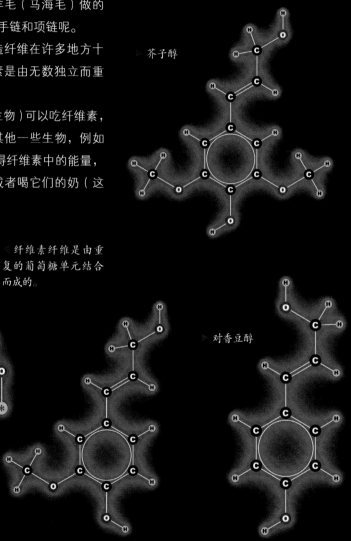

▷ 芥子醇

◁纤维素纤维是由重复的葡萄糖单元结合而成的。

▷ 对香豆醇

▷ 松柏醇

▷ 木头由 70% 的纤维素和 30% 的木质素组成。这种"木头羊毛"（刨花）曾在包装材料中被广泛应用，但是我已经有一段时间没见过类似的例子了。这张照片中的材料来自我的地下室，而且至少有 40 年的历史了：我从我的父母那里继承了这些东西。木头是一种充满纤维的材料，但却很少被用来做成绳子或者线。与之相对的，木头纤维经常被用来制造纸、硬纸板、书，当然还有木头制品，如桌子、椅子、书柜和结构梁。

△ 用木头纤维制成的廉价纸张常见于报纸或廉价的平装书中，其中含有大量的木质素。随着时间的推移，木质素会释放出酸性物质，使纸张变黄，并损伤纸张本身。更古老而更昂贵的棉纸则不存在这个问题，因为棉花几乎不含有木质素。

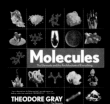

▷ 印制这本书（左图为本书英文版封面）的纸是用木头纤维制成的，而其中的木质素已经被完全去除了。这种纸常用于书籍的印刷，以使其更容易被保存，并且在需要纸张保持光亮而洁白的场合应用广泛。这种纸被称为无酸纸，但为了达到可以存档的质量，人们在造纸过程中需要添加一些额外的缓冲剂和中和剂，使其免受大气里酸性物质的破坏。

▷ 这种纸在印度由手工制作，是纯棉制品，这意味着它几乎是纯的纤维素。用棉纤维做的纸张一般用于需要经久保存的纸制品，因为和木头纤维不同，天然的棉花纤维中几乎不含木质素，而木质素就是导致廉价纸随时间流逝而发黄的"元凶"。

植物纤维是由糖组成的

▽ 剑麻纤维来自一大类龙舌兰属植物，也就是能制造龙舌兰酒的那类植物。这些纤维有许多用途，最著名的用途就是做猫抓板。我觉得猫不会真正理解和知道人们耗费了多少心思才找到一种适合取悦它们的材料。

△ 椰子纤维，在它们被从椰子壳上分离出来之后，就被称为椰皮了。

◁ 在热带以外的地方，当人们从商店里购买椰子时，他们得到的是椰子种子的部分，也就是里面充盈着液体的硬壳。而当一个新鲜的椰子从树上落下来砸在你的脑袋上时，它的种子被包裹在厚厚的纤维壳里，人们从中获得纤维用来制作绳子、垫子和育种介质。

▽ 用椰子纤维制成的绳子并不是非常好的绳子，但是鹦鹉喜欢这种绳子，就像猫喜欢用剑麻做成的猫抓板一样。你经常可以在宠物店里看见这种绳子。

▷ 这种龙舌兰属的植物被称为西沙尔琼麻，可以用来制作绳子和纸，同时它也是几乎全世界用来制作猫抓板的剑麻纤维的来源。它们的叶子中只有很少一部分是纤维，其他部分在加工中都被浪费掉了。

亚麻是一种从亚麻植物上获得的、古老的纺织品，亚麻的种子还能作为亚麻籽油的来源。亚麻至今依然被拿来制造昂贵的床上用品，但大量的被称为"亚麻"的织物实际上是由棉花或者棉花与人造纤维混合织成的。

苎麻纤维是一种早已被人们使用的纤维，但令人惊讶的是，它在很长时间里被人们弄混。它是从苎麻（不是刺人的那种）中获得的，就像亚麻来自亚麻植物一样。苎麻并不是来自植物的木质茎干，也不是来自植物的表皮，而是来自植物的韧皮部，或者也可以称为皮层的部分（这个部位是植物在枝干里用来上下运输营养物质的）。

今天，大麻正逐渐地被人们广泛应用于各个领域，从服装到拉船用的纤绳。大麻的耕种在世界范围内都是个巨大的产业。然而，因为一些品种的大麻更多的是作为毒品而闻名，所以所有种类的大麻就被限制甚至完全被禁止种植，任何相关产品都被禁止出售，即使某些种类的大麻完全不含有任何精神致幻成分。不过由于大麻纤维有经济上的益处，它也正在逐渐回归市场。

以竹纤维为卖点的产品实际上是分类中一个有趣的灰色区域。对竹子内部柔软的部分进行机械加工后，就完全可以直接将其拿来制作绳子和线，但看起来似乎大部分以"竹子"为卖点的产品实际上只是用竹子做原料而制成的人造纤维。原料也许是竹子，但是人造纤维是由经过化学方式处理的纤维素制成的，这说明我们不需要考虑纤维素来自何处。如果这些人造纤维和原始的竹子纤维在物理性质和分子结构上毫无关系，那么为什么还要说是竹子？不过别担心，这条竹绳子来自专门的供应商，他们向我保证，这是货真价实的竹纤维，不是什么人造纤维。

人造纤维，这名字一听就像合成纤维，对吧？从某种程度上说，确实如此，但是换个角度来看，显然不是。为了制作人造纤维，需要先从某种植物中提纯出纤维素，然后经过溶解、挤压成新的纤维。从化学上讲，人造纤维完全就是天然植物纤维素，和棉花（几乎是纯纤维素）十分相似；从物理上讲，它几乎完全是人造产物。

黄麻是除棉花以外应用得最广泛的纤维。我们对它最直观的认识应该是由它制成的粗麻袋，它同样也被用作打包干草的绳子，捆绑其他物品。

由糖组成的植物纤维

▷ 这种绳子在中学体育课上折磨了无数顺着它往上爬的学生。它上面布满了刺，闻起来气味也不太好，而顺着它爬的感觉就更不好了。（这一切都不是马尼拉纤维本身的错，除了它上面满是毛刺和气味不太好之外。）马尼拉纤维来自马尼拉麻——一种和香蕉关系很密切的植物。

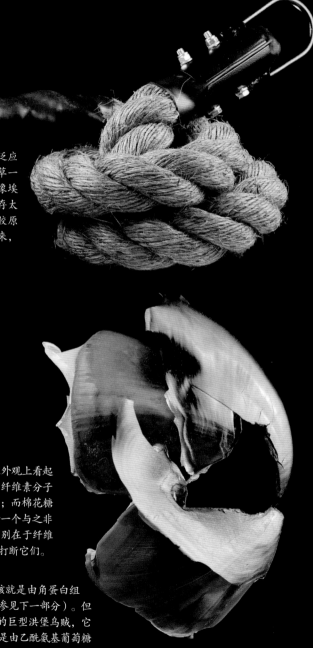

◁ 莎草纸至少在 5000 ~ 6000 年前的古埃及就得到了广泛应用。它由来自纸莎草内部的髓中的纤维素制成，纸莎草一般生长在浅水中。莎草纸用起来非常不错，尤其是在像埃及那种气候干燥的地方。但是在欧洲，莎草纸无法保存太久，所以很快就被羊皮纸替代了。羊皮纸是用动物的胶原蛋白做成的（以皮革的形式），而不是植物纤维素。后来，纸张又逐渐变成了以棉花和木纤维形式存在的纤维素。

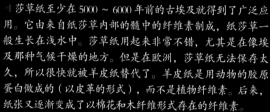

△ "棉花糖"这个词比你想象的更精确。棉花糖不只在外观上看起来像一团棉花，二者的化学性质也十分接近。棉花中的纤维素分子是由一长串的葡萄糖分子聚合而成的（参见第 116 页）；而棉花糖则由蔗糖组成，蔗糖由两个糖分子（一个葡萄糖分子和一个与之非常相似的果糖分子）连接在一起而形成。二者真正的区别在于纤维素分子的连接位置不同，所以人类消化系统中的酶无法打断它们。

▷ 如果这个鸟喙一样的东西是来自鸟类的话，那它应该就是由角蛋白组成的，类似的东西还有鸟类的羽毛和哺乳动物的毛发（参见下一部分）。但是实际上，这个鸟喙一样的东西来自一只重达 50 千克的巨型洪堡乌贼，它是由几丁质构成的。几丁质的化学结构要简单得多，它是由乙酰氨基葡萄糖作为重复单元而形成的聚合物，是葡萄糖的衍生物（也是糖类）。从化学角度来说，几丁质和植物纤维素十分相似，而与动物的角蛋白则完全不同。

动物制造了复杂的纤维

没有什么常见的商用纤维来自软体动物、甲壳动物、蜘蛛或是真菌，但是我们却可以使用来自昆虫和哺乳动物的纤维。它们的纤维十分复杂，从化学上讲，远比植物纤维复杂得多，它们展现的性质不可能通过简单的化学结构来实现。

动物纤维都是蛋白质——通过被称为氨基酸的基本结构连接组成的分子。生物体内拥有20多种不同的氨基酸，有特定的化学结构来和它周围的氨基酸连接成蛋白质链。而通过为氨基酸附加上不同的侧链，我们可以赋予它独一无二的特殊性质。

氨基酸侧链的大小差异相当大，而且它们带的电荷和亲水疏水性也各不相同。它们不同的排列方式使蛋白质可以在体内起到广泛的作用：从催化人体内生化反应的酶，到组成人体本身的结构。

这些差异性也使蛋白质有广泛的用途。例如，蛋白质可以把疏水基团和亲水基团连接在一起，这样当干燥的时候，蛋白质可以卷曲起来，而遇到水后则再次伸展开。（参见第67页，查看类似有关折叠机理的例子。）

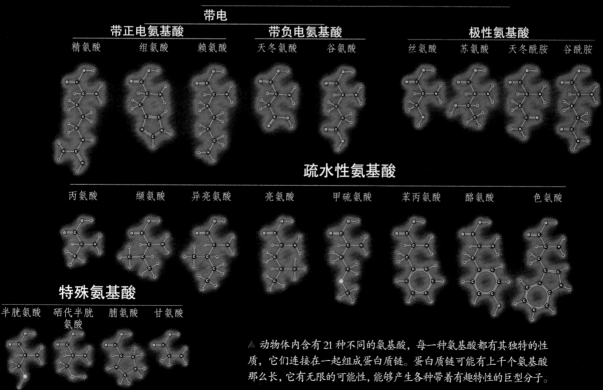

亲水性氨基酸

带电

带正电氨基酸			带负电氨基酸		极性氨基酸			
精氨酸	组氨酸	赖氨酸	天冬氨酸	谷氨酸	丝氨酸	苏氨酸	天冬酰胺	谷酰胺

疏水性氨基酸

丙氨酸	缬氨酸	异亮氨酸	亮氨酸	甲硫氨酸	苯丙氨酸	酪氨酸	色氨酸

特殊氨基酸

半胱氨酸	硒代半胱氨酸	脯氨酸	甘氨酸

△ 动物体内含有21种不同的氨基酸，每一种氨基酸都有其独特的性质，它们连接在一起组成蛋白质链。蛋白质链可能有上千个氨基酸那么长，它有无限的可能性，能够产生各种带着有趣特性的巨型分子。

动物提供的
蛋白质纤维

温血动物能产出一种其他动物所没有的特殊蛋白质：角蛋白。这种复杂的蛋白质包括相当多的胱氨酸，两个含有硫元素的半胱氨酸分子通过硫—硫键连接在一起就形成了这种氨基酸。这些化学键就像硫化橡胶中的含硫化学键一样，提高了纤维的强度。和橡胶一样，角蛋白中含有的硫—硫化学键越多，蛋白质就越坚硬。

胱氨酸中含有大量的含硫化学键，使角蛋白呈现出不同的硬度，从你爱人头上柔软的卷发，到能把你顶起 3 米高的犀牛角（然后你将会死在这些野兽的蹄子之下，这些蹄子也是由角蛋白构成的）。

▷ 角蛋白由复杂的超螺旋结构组成，这个超螺旋结构是个左旋形状。[地球上的大部分蛋白质都是左旋的，我们的地球是个左旋的地球。顺便说一句，有两个好办法能来确定一个生物是不是来自外星：如果它的分子大多是右旋的，或者组成它的元素的同位素比例和这个星球上的普遍情况不同。第一条证据说明该生物的进化与我们是独立的（可能在地球上，也可能在其他星球上）；而第二条证据则告诉我们无论它在哪里进化，这个特定的标本是在与我们地球不同的星球上长大的。它究竟在哪里演化出来？总之，这个特殊样本肯定不是在地球上演化出来的。这两个差异是难以掩饰的，所以，真的可能有还没被发现的外星人吗？]

◁ 马毛毯用起来不舒服是众所周知的，你可以看到这些马鬃是多么粗糙，人类的头发和它们比起来简直好多了。在商业市场上出售时，马鬃更多地被用于编织或制造乐器和弓上的弦，如小提琴；人的头发则被用于制作假发或接发。

△ 用人的头发所做成的手镯和项链（所使用的头发常常来自死去的爱人，有时候人们会在其里面放上一张小照片，或者绣上某个人的名字）在维多利亚时代的英国十分受人们欢迎。

▷ 组成爪子和指甲的蛋白质和头发一样。这只特殊的爪子来自一只獾。（熊爪项链在许多文化里都象征着强大而有力，但同样它也较难获得，你看见的大多数被出售的熊爪制品都是仿制品。）

◁ 组成这只犀牛角的角蛋白中含有大量的胱氨酸，胱氨酸中则有大量的硫—硫键，使蛋白质变得坚硬。不像你在这里见到的大多数东西，这只角并不是我的收藏品，它被锁在美国芝加哥菲尔德博物馆一个不为人知的保险柜里。在中药里，犀牛角是一种名贵的药材，人们认为它可以壮阳，但是从野外获得犀牛角是违法行为。在菲尔德博物馆发生的几起盗窃案使博物馆不得不将犀牛角收藏起来，远离公众的视线。衷心感谢芝加哥菲尔德博物馆，允许我们对这个珍稀的材料进行拍摄。

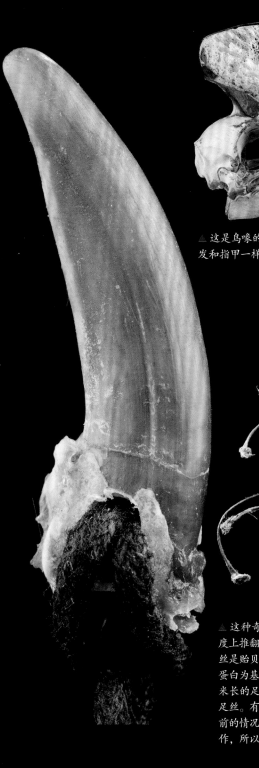

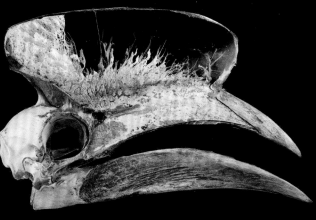

△ 这是鸟喙的外鞘，它来自一只黑犀鸟，由角蛋白所组成，就像头发和指甲一样。在这个空洞里，骨头结构支撑着角蛋白。

△ 有几种海绵是人们洗澡和清洁时用的那种海绵的名称及概念的来源。时至今日，几乎所有的海绵都是人造的，不过你依旧可以买到天然海绵。你所得到的部分是这些奇异的群居生物的骨架。海绵没有大脑，也没有神经系统、消化系统或者其他系统，它们只是一群生长在一起的细胞，通过胶原蛋白连接在一起而已。所以，其实很难说这些胶原蛋白在这些动物的里面还是外面。海绵的里面和外面确实挺难分清的。

▷ 这种常见的丝瓜络浴球看上去也许像海绵，但是它和动物完全没什么关系，它来自一种植物（具体来说，是一种丝瓜）。通常情况下，你看见的丝瓜络都被切成了一块一块的，而它们完整的形状和原植物一样。它的纤维由纤维素和木质素组成。

△ 这种奇特的纤维材料被称为足丝，这是一个反例，在一定程度上推翻了我刚刚宣称的没有什么来自软体动物的商用纤维。足丝是贻贝或蛤蜊用来将自己黏在水下的石头上的纤维。这类似角蛋白为基础的材料来自一种普通的贻贝，这种贻贝可以产生 5 厘米长的足丝，但某些特别的贻贝，甚至可能产生长达 20 厘米的足丝。有些壮观的织物就是用这种奇特的纤维制成的，但是就目前的情况来看，只有一个住在撒丁岛的艺术家能够用足丝进行创作，所以，我非要说没有什么常规的商业用途倒也没什么问题。

这么多的毛发！

真的很值得说说，到底有多少种不同的动物毛发已经可以通过市场渠道（我是通过 eBay 网站）买到。每一种毛发都有其独特的性质，有着诸如硬度、保留电荷的倾向、表面的粗糙程度、颜色、其来源是否听起来很酷（这对于它在时尚行业中的应用至关重要）种种差别。

△ 贴金箔是一种古老而精妙的艺术。金箔是如此不可思议地轻薄，用手指碰一下就会立即将其弄坏。能将其拿起来的唯一方法就是用一把带有一点点静电的刷子去接触它，而做这种刷子就必须用到松鼠毛。目前我们还不清楚灰色、红色、蓝色还是褐色的松鼠毛效果最好，而上述问题可以从镀金工匠们的小诀窍中找到答案。

▽ 黑貂是一种像雪貂的生物（确切地说，是貂类），其体重大概只有猫的一半。它们的皮毛被人们视为一种非常珍贵的奢侈品，比如貂皮大衣。而有了貂皮后，你可以用它来做刷子。

△ 因为我曾经骑过大象，所以我一点也不惊讶于它们的毛发可以被用来制作手镯，就像我们平时盘卷电线的方式一样。我不能肯定这就是大象的毛发，但我对它做了通常用于检测真丝的测试（参见第 128 页。具体而言，毛发测试就是将毛发点燃，蛋白质燃烧时所发出的气味与人工合成的纤维燃烧时所发出的气味截然不同。），显示出它是一种天然的、由蛋白质构成的毛发。它应该就是大象的毛发，因为我实在想不出来还有别的什么动物的毛发可以这么粗！

▷ 好吧，这东西让我放松了警惕。我能够买到一个用长颈鹿的毛发做成的手镯，这一事实让我又惊讶又不安。这是一个神奇的信号，表明我们的世界是如何紧密地联系起来：我坐在自己的卧室里可以发出一个信息，要求南非的某个人把一些长颈鹿的毛发装上飞机，几天后我就真的拿到了它。但我们真的可以承受这样一个存在各种可能性的社会吗？我并不是仅仅从生态学的角度来说这件事的，我只是从这个事件到底有多么复杂的角度来看的。

△ 这把羊毛刷是用来化妆的。

▷ 蓝松鼠毛在绘画专用的毛笔中应用广泛。

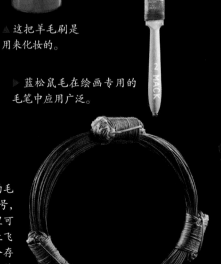

毛茸茸、暖洋洋的动物的角蛋白

动 物纤维来自于柔软而暖和的动物皮毛，比如绵羊和毛茸茸的鸟类，它们被极为广泛地应用着。这并不令人惊讶，因为我们自己也使用这些纤维来保暖，这些柔软的东西可穿着、坐着、用来走路，还可以在上面睡觉。

▽ 绵羊的毛常被称为羊毛，其应用范围非常广。每年世界上生产的羊毛超过 100 万吨。这里的羊毛来自于一只生活在美国蒙大拿州的设得兰绵羊。我要强调一下，我们把这种材料叫作"羊毛"，会让养羊的人感觉混乱，因为在他们的术语里，绵羊的"毛"（这种毛太直、太滑，所以很难被纺到一起去）和"羊毛"是两码事，"羊毛"是长在前者下面并被其保护起来的部分。不过通常而言，羊毛就是一类毛发，扭曲打结、表面粗糙，所以彼此可以紧缠在一起。和其他所有的毛发一样，羊毛的特性取决于构成它的角蛋白的氨基酸序列的排布。

△ 马海毛是安哥拉山羊的毛（不要和安哥拉毛弄混，那实际上是安哥拉兔的毛发）。这种类型的山羊毛被用于制造毛衣、漂亮的外套，以及很有趣的是做洋娃娃的假发。我不知道它为什么没有被用来做人类使用的假发。

△ 是的，这只真的就是狗毛袜子。我是从一次犬展上买到的。它是用新斯科舍猎鸭犬的毛做的。这种狗的皮毛是橘红色的，胸口却有一撮白色的毛。这只袜子所用的毛线在纺织之前并没有被染色，这就是那种狗本来的颜色。

▷ 骆驼毛（确切地说，是骆驼的绒毛，它是在粗毛被剪掉之后生长出来的部分）惊人地柔软，被人们广泛地用于织毛衣。另一方面，"骆驼毛"的画笔实际上通常是用比它便宜得多的毛（比如松鼠毛）制造而成的。

▷ 今天，绝大多数羊毛都来自于澳大利亚、新西兰和中国，但由当地牧羊人组成的社团却遍及全世界。这一团羊毛就来自于我在美国伊利诺伊州中部的房子几千米之外的地方，那里的羊毛工业与酿酒厂一样著名。我女友的母亲试图将其织成一只绵羊，但仅仅完成了尾巴的部分。所以目前的情形就是我们为一只纺织而成的绵羊的屁股拍照，并放进本书之中作为插图。

毛茸茸、暖洋洋的动物的角蛋白

鸟类的羽毛（比如，我"袭击"了这个枕头所掏出的鸭绒）是由绳索状的蛋白质所组成的，它们有点像组成人类和动物毛发的那些角蛋白，但要更硬一些。羽毛蛋白更接近于组成我们指甲的那些角蛋白。

能否合法地把鸭绒原料进口到美国，目前还存在一些争议，所以我这个样品是一个可爱的丝绸小枕头。

今天，鸵鸟毛被广泛应用，甚至被拿来做掸子。当然，也有合成的替代品，而且更便宜，但据说用鸵鸟毛的效果较好，因为其羽毛表面的丝状微结构可以"抓住"灰尘，而不是仅仅从灰尘上面拂过。大自然做得很好的一件事情就是创造了那些令人难以置信的微结构。这是因为大自然的"机器"都是分子尺寸的，而人类的粗糙版本则是可以填满房间的。

一条特别暖和的鸭绒被大概要卖15 000美元，这大概是人们能够（合法）买到的所有角蛋白中最昂贵的一种了。为什么一个人会花这么多钱就为了得到鸭子腹部上的绒毛呢？绒毛与羽毛的差别就像羊毛与头发的差别那么大。绒毛和羊毛都是柔软而又暖和的里层毛发，并被比较坚硬、耐久且防水的外层毛发所保护。绒毛无论是在保暖性能上还是在柔软程度上都远远胜于羽毛，所以最好、最昂贵的毛衣和毯子全部都是由绒毛织成的，而便宜货则是由羽毛或者两者的混合物填充而成的。绒毛并非生而平等：住在寒冷地区的鸟儿身上的绒毛要更加厚实、更加暖和，当然也就最令人垂涎。这些特别的绒毛——鸭绒——几乎都来自于住在冰岛的绒鸭的巢穴里——据说收集这种绒毛的过程对于绒鸭和它们的蛋都不会有伤害。每一个鸭巢中所收获的鸭绒大概就是你看到的这么多：20克。那里一年所产出的鸭绒大概就够装满一辆小卡车的。

丝 绸

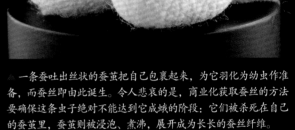

在天然纤维中，无可争辩的王者并非来自于某个可爱的哺乳动物，而是来自于一个最卑微的生物：虫子，确切地说是蚕。蚕实际上并不是真正的虫子，而是家蚕蛾的幼虫。从远古时代开始，蚕丝就是如丝般地柔软、光滑，而且不可思议地强韧。它也很昂贵，且必须被仔细地清洗干净，然后制成百里挑一的、奢侈的纺织品，相比之下，棉花、羊毛和人工合成的丝都显得十分粗糙。

和头发一样，蚕丝也是一种蛋白质，但略有不同：它是由丝芯蛋白构成的。

△ 丙氨酸 　　△ 甘氨酸 　　△ 丝氨酸

蚕丝蛋白的化学结构相对简单，只是用3种不同的氨基酸反复重复、排列而成的。但它的物理结构却错综复杂，蛋白质的骨架折叠为环状和片状，从而使蚕丝强韧而有光泽。

▲ 一条蚕吐出丝状的蚕茧把自己包裹起来，为它羽化为幼虫作准备，而蚕丝即由此诞生。令人悲哀的是，商业化获取蚕丝的方法要确保这条虫子绝对不能达到它成蛾的阶段：它们被杀死在自己的蚕茧里，蚕茧则被浸泡、煮沸，展开成为长长的蚕丝纤维。

▽ 生的蚕丝在没有被纺成纤维前，就是漂亮、洁白而闪亮的东西。

▽ 许多股蚕丝被纺成丝线，就像棉花一样，但丝线明显要比棉线强韧得多。

◁ 蚕丝做成的绳子是一种疯狂的东西：它实在是太昂贵了，所有能够想到的商业用途都并不现实，只有一个例外。

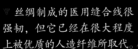

▽ 丝绸制成的医用缝合线很强韧，但它已经在很大程度上被优质的人造纤维所取代。

▽ 因为丝绸非常强韧而重量又轻，所以降落伞一直都是用丝绸来制造的，直到性能更优良的尼龙纤维替代了它。图中是一顶第二次世界大战期间的降落伞的伞布残片。

▽ 粗制的、手工纺织的丝绸布实际上一点也不粗糙：即便是在这种状态下，它也展现出了丝绸那如丝般的柔软。

用火来测试

如果不进实验室，那就只有一种可信的办法测试一个物品到底是不是真丝的：取一点样品，然后把它烧掉。天然的蛋白质组成的纤维，比如蚕丝、头发、皮毛，在燃烧时会熔化一点儿，但绝大部分都会变成一种黑色焦炭的残渣。而大多数人工合成的纤维，比如尼龙，结果就完全不同了：它们会熔化并形成球状，进而变成一滴熔化的塑料、一个小火球而落在地上，完全燃烧后什么也不会剩下。如果你曾经看过人造纤维和天然蛋白质纤维完全不同的表现，你就绝不会把它们认错。

植物纤维，比如棉花和木质纤维，它们被点燃之后都不会有任何熔化的迹象，而是慢慢地烧成灰烬。另外，有趣的是，如果纯度够高的话，很细的铁丝也可以轻易地燃烧起来。

▶ 我过去从未尝试过检验丝，只是看过这方面的报道，所以我并不确定能看到什么现象。起初，我很担忧我的那几个蚕丝样品，因为它们看起来比预想的熔化得更厉害一些。幸运的是，我找到了这个完美的标准样品：一个完整的蚕茧，里面还有一条（已经死了很久的）蚕。这不可能是伪造的蚕茧，而从它上面取出来的丝刚开始还真的熔化了一点，然后就变成了一块黑色的残渣，哪怕是直接用火焰灼烧，它的确也没有再燃烧或进一步熔化。

▼ 当聚乙烯被点燃时，它的表现很像尼龙：刚一被点燃，燃烧着的液滴就纷纷跌落在地上。气味也很相似：那种绝不会弄错的、刺鼻的燃烧塑料的臭味。尼龙和聚乙烯在燃烧后几乎不会留下什么残渣，而当你意识到它们都是烃类化合物时，就不会觉得奇怪了，这些物质在化学性质上与制造它们时所用的石油很相似。

▼ 这是一个合成纤维被点燃后会熔化的例外。像这样的凯夫拉纤维常被用于制造隔热手套，因为它几乎不会熔化，也不会被点燃。加热片刻之后，它只会简单地变成一些焦炭样的东西，而不是像蚕丝一样先熔化再烧掉一点。不过，你可以很轻易地通过手感或者凭借普通剪刀很难剪断这一事实，来辨别出凯夫拉纤维。

▼ 羊毛就是毛发，它燃烧起来与头发和蚕丝燃烧的情况一样。它燃烧时发出的气味也与头发或蚕丝烧着后发出的气味差不多。不要错过这种气味哦。

▼ 头发和羊毛燃烧时的表现很像蚕丝。这是另一个燃烧实验的黄金标准参考，以确保我拍下了正确的现象：我女儿的头发。（你曾经试过偷偷地拔女孩的头发吗？这很不容易，因为她们都很注意保护自己的头发。）

用火来测试

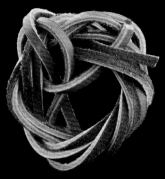

棉花烧起来很干净，也很漂亮，几乎不会留下什么灰烬。

买家要当心！这块材料被当作真正的绒面革制品出售，但它燃烧起来无疑像是一个人工合成的聚合物。它绝对是假货，可能是用一些聚氨基甲酸乙酯塑料制成的。

真皮的皮带看起来与仿造的假货非常相似，但它更加结实，也非常难以点燃。

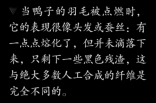

当鸭子的羽毛被点燃时，它的表现很像头发或蚕丝：有一点点熔化了，但并未滴落下来，只剩下一些黑色残渣，这与绝大多数人工合成的纤维是完全不同的。

为得到这个燃烧皮革的参考标准，我从一小块羊皮上切下来一小条。我之所以知道它是真正的羊皮，是因为它上面还有一些羊毛。真皮燃烧后，和头发燃烧的情况一样，会留下一些黑色的残渣。

从这个燃烧着的"绒面革"上滴落的小火球泄露了一个残酷的秘密：它是由人工合成的材料制成的。

所有的植物纤维，包括麻、椰子里的纤维，燃烧起来都跟木头燃烧的情况很相似（图中展示的就是麻绳）。其中的主要区别在于，棉花几乎全是由纤维素组成的，而麻则几乎都是纤维素和木质素，木头则还含有松香和油类，这些东西有时候会冒出来，使火焰突然旺盛起来。

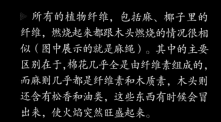

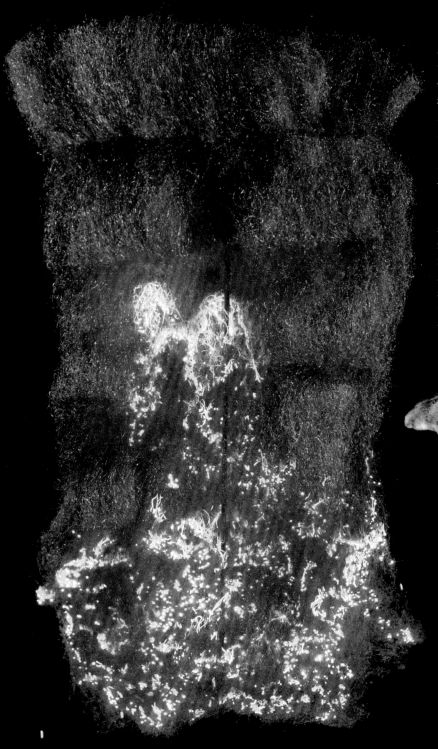

◁ 如果你听说金属，特别是铁，可以在适当的条件下很快燃烧，可能会感到很惊讶。这种0000级（非常细）的铁丝绒在挂起来后能够很容易被一个打火机所点着。铁的燃烧跟它生锈属于同样的化学反应，只不过发生得要快很多。铁锅不会燃烧起来，只是因为它的大块头可以保持它表面的温度远低于它的着火点。大量的热量可以使铁锅烧起来，但显然普通的炉子和篝火是做不到这一点的。金属燃烧是一件很迷人的事情：并没有普通物质燃烧时产生的那种"火焰"。当有机化合物燃烧时，你可以看到它上面耀眼的火焰，那是由材料被火加热而放出的可燃气体所发出来的。这些可燃的气体逐渐上升并与空气混合，然后被点燃，进而形成漂亮的、摇曳的火焰。当金属燃烧时，没有什么可以被释放出来，所以燃烧都直接发生于金属的表面。（你看到的任何烟气都是来自于制造铁丝绒时留下的一点点油类。）这些小巧的、放光的火焰在这个纯净的铁丝上彼此追逐，都是很不寻常的，值得一看。

▲ 这一类几乎无法被点燃的绒毛是玻璃纤维或者其他矿物质纤维。（这是一个家用的玻璃纤维隔热材料。）燃烧就是氧化的过程：把你想要点燃的东西和空气中的氧气结合。然而，玻璃纤维是一种已经被氧化的物质：玻璃的主要成分是二氧化硅。换句话说，玻璃就是硅燃烧后留下的灰烬，所以你就不可能将其进一步燃烧了。

动物体内的纤维状蛋白质

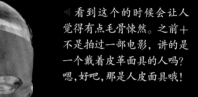

▲ 皮革可以被切成小条，再像其他纤维一样被扭曲、编织。这根编织好的皮鞭是胶原蛋白纤维中一个很有威胁性的例子。

通常而言，从动物身上搜集角蛋白并不会杀死它们，除非你决定要连皮带毛整个将其取下来。动物体内还有一种不同类型的纤维状蛋白质：胶原蛋白。这种蛋白质组成了皮肤、韧带、肌肉及其他一些结缔组织。显然，使用胶原蛋白最常见的例子就是毛皮，人们将它们制成了皮衣、皮鞋、皮包、皮带以及许许多多其他的皮具。

而更奇怪的例子是把动物的肌肉作为纤维来使用。制造肌肉纤维最初只是人们的一种兴趣爱好，而今天已经有了更好的人工合成纤维的替代品。肠线是由另一种胶原蛋白构成的结缔组织，今天人们在某些场合还在使用。

▽ 和角蛋白一样，胶原蛋白也是一种蛋白质，但它的氨基酸序列与角蛋白并不相同，因此其整体的物理结构也与之不同。

▲ 皮革这种材料用途多得不可思议。我没能找到一个用牛皮制成的"牛"，也没找到一个用马皮制成的"马"，但这个是用牛皮制成的"马"。

▷ 看到这个的时候会让人觉得有点毛骨悚然。之前＋不是拍过一部电影，讲的是一个戴着皮革面具的人吗？嗯，好吧，那是人皮面具哦！

▽ 把肌腱从白尾鹿的脊柱骨上剥离下来，然后用它原始的形态来增加弓的强度。

▷ 放心，肠线并不是用小猫的肠子制成的！它们来自于绵羊、山羊、牛、猪、马、驴等动物的肠子，但就是没有用猫的肠子做的。甚至肠线"catgut"这个词都并非来自于猫"cat"这个词。"catgut"一词中的"–gut"的确是来源于它是用肠子制作的这个事实，但"cat–"这一部分实际上是由"kit"这个词演变而来的，这个词在古代是"小提琴"的意思。肠线过去被用作乐器的琴弦，今天依然有些地方这么做。波斯乐器上用这些肠线做成的弦被称为"tar"。

▲ 如今，肠线的一个用途是缝合那些你希望继续活着的动物体内的伤口（正好和你想要杀死动物取其肠线相反）。它的优点是会慢慢地被身体所吸收，所以之后就不用拆线了。

▲ 羊皮纸是非常薄的皮革：动物的胶原蛋白被用来书写了。羊皮纸在历史上持续使用了很长时间，中世纪流传下来的许多手稿都是写在羊皮纸上的。图中这张羊皮纸据说就是来自于中世纪，但我没办法确认这一点。

来自矿石的纤维

绝大多数纤维都是有机化合物，但也有一些很重要的无机化合物，例如铁丝和钢丝绳，又比如碳纤维和硅纤维（玻璃纤维）。自然界最漂亮的纤维之一石棉，在如今落得声名狼藉，但过去它也曾经被视为一种优秀的材料，因为它重量轻，又耐火、绝缘。

和我们之前已经介绍过的许多纤维不同，由无机化合物构成的纤维的总特点是：并不是由细长型的分子所组成，甚至根本就没有独立的分子。比如，金属纤维就是由简单的、细长的金属合金构成的。原子没有适当的结合点，不会缠绕成断断续续的分子。玻璃和矿物质的纤维就是由几种原子连接成三维矩阵，形成简单、细长的分子，而并没有链状结构。

无机纤维并不像有机纤维那样有多种性能，但同样扮演了一个重要的角色，即唯一能够耐受真正的高温的纤维。它们可以在接近极端的条件下一直保持特性，像制造它们的岩石那样坚韧。

和铁相似，铜（纯的铜元素）可以被拉制成纤维，并被编织成铜线。但这并不是为了获得强韧的纤维（铜线的强度较低），而是为了利用铜优异的导电能力。铜丝和铜线通常都会被叫作电线或电缆。这个漂亮的例子是用铜质的接地线编织而成的。

这个金属纤维中坚韧的典范通常被叫作小直径钢丝，是由一种高强度钢（大部分是铁，同时也加了一点碳元素）制成的。一些由人工合成的纤维（比如凯夫拉纤维和高密度聚乙烯）以及一些天然纤维（比如蚕丝），如果按照重量折算的话，它们的强度都明显地超过了钢丝。但在这些材料中，没有哪一个是把坚硬、耐久、强韧、廉价等优点集于一身的——除了钢丝。在塔吊、电梯、缆车上所用的纤维都是钢丝。

来自矿石的纤维

铁丝绒的确很像羊绒，就是比较扎手。请翻开本书第131页，看看用火柴点燃铁丝绒会发生什么惊奇的事情。

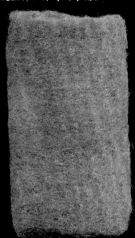

"高岭棉"是陶瓷棉的商品名，它是用高岭土编织而成的。它被用作很高温度下的隔热材料，比如，可用在烧柴的壁炉、炼焦炉、熔炉等设备中，替代过去使用的石棉。高岭棉是用熔化的高岭土抽成纤维制成的，其原理就跟做棉花糖一样。

陶瓷棉的成分是硅酸镁钙，一种耐高温的陶瓷。和高岭土一样，它被用来隔离非常热的物体。

这些高岭土的土块就是被熔化后做成高岭棉的原料。

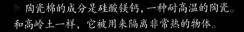

二氧化硅

玻璃纤维和碳纤维有一点很相似：非常强韧，但却因为太脆而限制了应用。所以，它们被包埋在环氧树脂或其他塑料、树脂里，以制造出坚固又轻便的复合材料。

石棉

石棉是一种神奇的材料，或者说至少曾经是一种神奇的材料：便宜、完全防火、耐高温、强韧、用途广泛。而人们为什么不喜欢它呢？肺癌。参见第226页，了解有关石棉的诸多内容。

◁ 如今的耐热工作手套通常是用凯夫拉纤维或者编织的玻璃纤维制成的，内衬隔热的羊毛或者棉花。老式的烘炉手套则往往是用石棉制成的。

▷ Zetex 是一种用于编织的玻璃纤维的商品名称，被用于制造耐高温的手套。它比凯夫拉纤维耐热，而且不会像石棉一样给你带来致命的伤害。

▷ 这一团可爱的 Miraflax 牌玻璃纤维是道康宁公司在很多年前制造的。我戴着用它制成的手套收拾仓库，不会弄得皮肤痒痒的，这让我很高兴。它的触感很柔软。实话实说，它还是会带来一点瘙痒感，但瘙痒程度不像普通玻璃纤维那么严重。出于某些原因，这个公司不再生产这种手套，如果谁知道原因，非常希望能告诉我。

△ 这一类的隔热体和玻璃纤维一起在家装市场里出售，它们可以按照同样的方式被或多或少地装在家中。不过，它并不是来自于玻璃，而是用玄武岩制成的。它比较紧凑，隔音效果也比玻璃纤维好。尽管它是由矿石制造而成的，却和玻璃纤维惊人地相似。

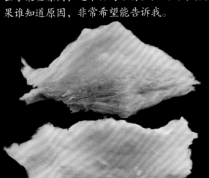

▽ 这个毛茸茸的东西来自于熔化的玄武岩和石灰岩，被用作培养种子发芽的基质。

△ 大量的苏打－石灰玻璃被编织成隔热玻璃纤维，用在家居、电气设备、商用建筑等方面。玻璃纤维是一种在很多方面都近乎于理想的材料：便宜、高效、不燃、耐用，且便于安装。它唯一的、真正的负面影响是它对皮肤造成的难以置信的刺激性。你可能会问，呼吸进玻璃纤维是否也会像石棉一样带来肺部疾病？答案是不会。这并不是因为玻璃纤维和石棉纤维相比不太尖锐，而是因为肺部的化学环境能够相对较快地溶解掉玻璃纤维，所以它们不会像石棉纤维一样在肺部停留好多年。

△ 普通的玻璃纤维是用普通的玻璃制造而成的，但这种较好的纤维材料则是用硼硅酸盐耐热玻璃（商品名称叫作派热克斯玻璃）制成的。它并不用于隔热，而是作为化学上的过滤介质。

来自矿石的纤维

碳纤维基本上全是由排列成六边形晶格的碳原子组成的，有点像是石墨。不过，它不是石墨那样的片层结构，而是把这些六边形晶格以长条形排列成了纤维。碳纤维的强度高得惊人，但也很脆，所以通常它都被包裹在塑料中形成复合体以得到保护。它的重量格外轻，且特别强韧，这种强韧的碳纤维复合材料被广泛用于飞机制造、运动器械制造、高端相机三脚架制造等领域。

碳纤维通常被用于增强和加固有机树脂材料，比如环氧树脂和聚乙烯。通常我们并不需要用很长的纤维。碳纤维被造出来时是很长的，然后就会被精心地切成长约5毫米的小段，作为强化有机树脂的填料。玻璃纤维常常也因为同样的原因而被切碎：用来制造玻璃纤维强化复合物，再用在船和赛车上。

长长的、未切断的碳纤维被包埋在环氧树脂之中，形成了很轻巧又很强韧、坚固的结构，比如一些很昂贵的自行车的车架（这辆车的主人就是本书的摄影师）。

真的是靠静电力把它们聚拢在一起的吗？

每次乘坐交通工具，特别是飞机时，我都会担心一个事实：我所乘坐的这些奇妙的装置是依靠静电力聚在一起的。这种力量把万物聚集在一起——所有的金属，所有的绳子、链条，飞机上所有的装置，一切的一切——它同样也是你把气球在衬衫上摩擦几下就可以将其贴在墙壁上的那种力，而气球在墙壁上贴得并不是很牢固！

在微观世界里的物质都带有数量巨大的正电荷或者负电荷（也就是它们所含有的质子和相应的电子），但几乎所有的正负电荷都能完美地匹配起来，彼此抵消作用。即使是被人们视为有很强大静电力的物体，其所含有的电子数量与该物体的原子总数相比也是很少的（比如一个气球）。

如果你能够把一个物体中所有的质子和电子扯开，你就能体会到它们之间那种大得令人难以想象的力量。

比如，假设你有 1 克的铁。你可以用它来制造长约 1 厘米的直径 0.4 厘米的航空用钢索，其断裂强度可以承受重达 1362 千克物体的拉力——足够你用它来吊起一块 50 厘米见方的铁块或者一辆小汽车。

但是，如果你能够把这块铁中所含有的全部质子和电子分离开，把质子放在一边，把电子放在另一边，两者中间隔开 1 厘米的空隙，则质子和电子之间的吸引力可强大到足以吊起 13 千米见方的大铁块，或者是一座尺寸相当的小山。

静电力是一种极大的强作用力，哪怕是它其中的一小点，也足以把飞机蒙皮固定住。

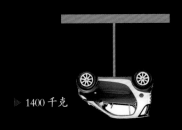

▷ 1400 千克

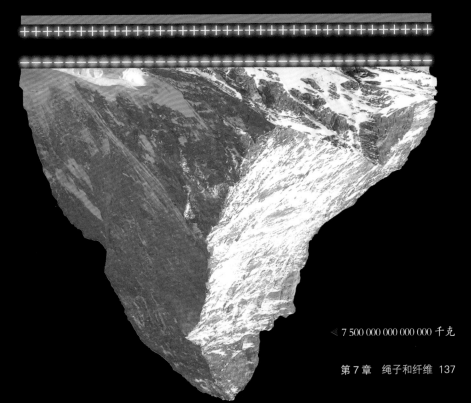

◁ 7 500 000 000 000 000 千克

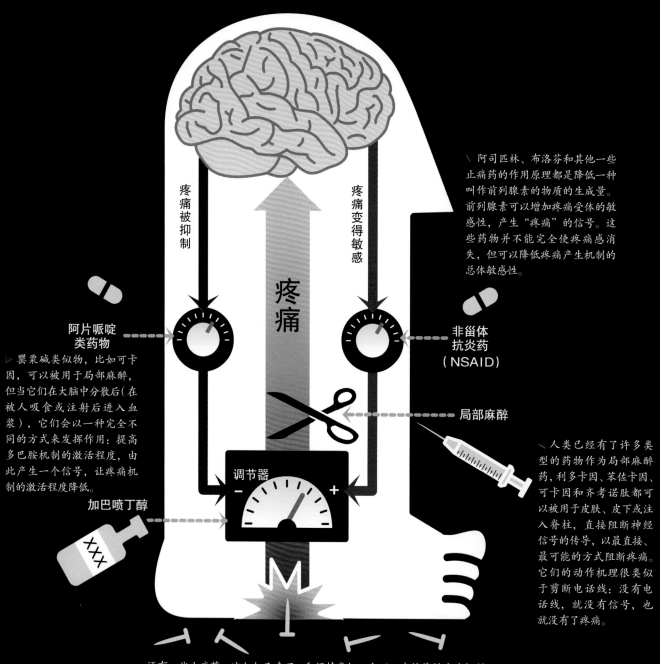

阿司匹林、布洛芬和其他一些止痛药的作用原理都是降低一种叫作前列腺素的物质的生成量。前列腺素可以增加疼痛受体的敏感性，产生"疼痛"的信号。这些药物并不能完全使疼痛感消失，但可以降低疼痛产生机制的总体敏感性。

疼痛被抑制

疼痛变得敏感

疼痛

阿片哌啶
类药物

罂粟碱类似物，比如可卡因，可以被用于局部麻醉，但当它们在大脑中分散后（在被人吸食或注射后进入血浆），它们会以一种完全不同的方式来发挥作用：提高多巴胺机制的激活程度，由此产生一个信号，让疼痛机制的激活程度降低。

加巴喷丁醇

非甾体
抗炎药
（NSAID）

局部麻醉

人类已经有了许多类型的药物作为局部麻醉药，利多卡因、苯佐卡因、可卡因和齐考诺肽都可以被用于皮肤、皮下或注入脊柱，直接阻断神经信号的传导，以最直接、最可能的方式阻断疼痛。它们的动作机理很类似于剪断电话线：没有电话线，就没有信号，也就没有了疼痛。

调节器

还有一些止痛药，比如加巴喷丁，和酒精类似，它可以直接降低疼痛机制的激活程度，提高痛觉受体的阈值，让它们不容易引发痛觉。

第8章 | 疼痛和快感

疼痛这种东西，在你没有遇到时，你是不会多想的，而当你真正遇到时，它就成了你唯一惦记着的事情了。为了让疼痛走开，我们会去做一切事情：从火炉上抽回手，投入数十亿美元去研究更好的止痛药（也就是去寻找更有效的药物分子）。

疼痛仅仅是一种信号。它有点像是你看到了远处的闪光：它闪烁得越快，疼痛感就越强烈。但这道光并没有恒定不变的力量，如果它不能被大脑所接收，它就不会有显著的影响。你和闪光之间只要被简单地放进一张纸就可以挡住这道光，从而停止疼痛，无论它看起来有多强烈。当然，尽管你知道"在现实世界里，疼痛不过是你的意识带给你的"，但也没法因此而免除疼痛之苦。不过，这并不意味着药物必须依靠强壮的肌肉才能止痛，它们只会很聪明地完成这项任务。

如今我们所使用的止痛药，要么是先纯化天然植物的提取物，再精确地复制这些提取物；要么是受天然物质启发，人工合成与它们化学结构相近的化合物。

这并不是植物想要帮助我们，情况恰好相反。从植物中的物质衍生而来、对我们有效的药物，很多都是被植物用来作为防御用的毒物，这就是它们具有药效的真实原因。阻断神经信号的物质可以杀死你，比如它阻断了让你的心脏跳动的神经信号时。但如果它阻断了伤口部位与大脑之间的神经信号，它也可以作为手术中的止痛药。这就是为什么那些在野外寻找药材的科学家们在找到一种新型的、独特的有毒植物或昆虫、蛙类、细菌、真菌时会特别高兴的原因。

◁ 爱因斯坦有一句名言——万物都应该尽可能保持简单，但并不需要更加简单。他可能并不喜欢这张示意图。关于疼痛传导是如何被调节的，其细节非常复杂：你在这里看到的不过是一个相当简化的示意图，所以请不要把这张图当真，并且写信给我，愤怒地责怪我把脑啡肽误解为一种机制或者之类的问题。

柳树的树皮

止痛药是一个范围很大的概念：有些药的药效很弱，治头疼还不如你拿头往墙上撞有用；也有的药效很强，足以让一头大象动弹不得。

一种并非最有效也不是最古老的，但却最为广泛使用的止痛药，其灵感就来自于柳树的树皮。美国的每个小学生都知道，印第安人依靠咀嚼柳树皮来止痛，因为其中含有阿司匹林。人们使用柳树皮止痛至少已经有3000年的历史了，但它并不是真的含有阿司匹林。实际上，它含有的是水杨苷，这种化合物的作用与现代使用的药物阿司匹林相似，但作为一种止痛药来说它毒性较大，效果也不好。

这是关于药物的一个重要事实：如果你在自然界中发现了一种有药效的物质，值得你去对它进行化学改造，因为你有可能就此找到一个药效更好的物质。在这个例子中，一个由人工合成的改造产物——乙酰水杨酸，被证明是最优的选择，也就成了今天的阿司匹林。

如今，由人工合成的阿司匹林改造产物有些很相似，有些则完全不同，都已经非常普及。这些药物被统称为非甾体抗炎药，因为它们可以减少炎症反应，结构又不是甾体类化合物。它们中包括了4种非处方止痛药，在世界各地随处可见：阿司匹林、对乙酰氨基酚（在英国则被叫作扑热息痛）、布洛芬和萘普生钠。

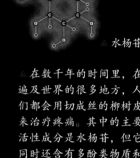

▷ 水杨苷

◁ 在数千年的时间里，在遍及世界的很多地方，人们都会用切成丝的柳树皮来治疗疼痛。其中的主要活性成分是水杨苷，但它同时还含有多酚类物质和黄酮类物质，可能也会对止痛产生一定效果。

◁ 乙酰水杨酸在销售时有几十种商品名称，但最早开发出它的是拜耳医药公司。1863年，拜耳医药公司率先将乙酰水杨酸取名"阿司匹林"并上市销售，而其最初的研制目的不过是为了合成品红染料（参见第202页）。

◁ 海狸香是从海狸鼠尾部的香味腺中提取出来的，它被海狸鼠用于标记自己的领地，其中也含有水杨苷，也就是和人们在柳树皮中找到的止痛活性成分相同的物质。尽管也有一些记录证明，海狸香曾被用作止痛药，但它今天的主要用途是做古龙水。那些喜欢或不喜欢这种气味的人可以参见第11章，了解更多相关信息。

◁ 对乙酰氨基酚（用于美国国内）和扑热息痛（用于世界其他地区）这两个通用名称实际上都是将这种物质的化学全名缩短了：对–乙酰氨基苯酚。这只是选择把哪些字母挑出来的事情。这种化合物跟阿司匹林一样，被人们冠以数十个商品名称出售，比如，在美国它被叫作泰诺，而在英国则被称为扑热息痛。

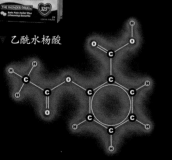

乙酰水杨酸

▷ 阿司匹林对动物也跟对人一样有效。你可以从兽医那里买到一种蓬松的粉末（花几美元就可以买到约0.5千克），也可以买到供马食用的巨大药片。（我把供人服用的阿司匹林药片放在旁边作为参照物，而供仓鼠服用的药片就没法放在上面了。）

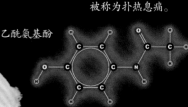

乙酰氨基酚

▽ 常见的止痛药总是以许多令人眼花缭乱的组合物的形式出售，有些包含咖啡因或抗组胺药物，它们可以起到辅助治疗的作用。

▷ 美林：布洛芬 + 苯海拉明

▷ 等同：乙酰氨基酚 + 苯海拉明

▷ 米多尔完全版：乙酰氨基酚 + 咖啡因 + 马来酸吡拉明

▷ 偏头疼伊克赛锭：乙酰氨基酚 + 咖啡因

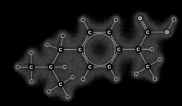

△ 布洛芬（止痛药）

▷ 苯海拉明（抗组胺药物，但也被作为镇定剂使用）

◁ 乙酰氨基酚（止痛药）

▷ 咖啡因（兴奋剂，但它似乎能够让止痛药更好地发挥药效）

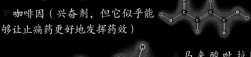

马来酸吡拉明（抗组胺药物，但也作为镇定剂使用）

△ 萘普生钠是一种新型的、非处方止痛药。它的分子中酸的部分和阿司匹林相同，但没有一个单独的苯环，而有一个漂亮的双环（萘环）。

布洛芬是一种有机弱酸，和阿司匹林相似，它同样也有一个六边形的苯环。不过在很多情况下，它是比阿司匹林更有效的止痛药和抗炎药。

◁ 萘普生纳（止痛药）

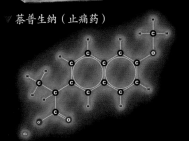

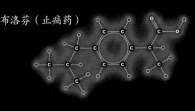

布洛芬（止痛药）

△ 用咖啡因治疗头痛看起来有点奇怪，但它具有增强其他止痛药效果的作用，至少对一部分人群是这样的。这种作用的机理人们还没有搞清楚。

鸦片和它的表亲们

令人惊讶的是，鸦片，这种最强力的止痛药之一，至今仍在世界各地的医院被有效使用，同时它也是最古老的止痛药，比人们使用柳树皮还要早几千年。

鸦片是从罂粟花中提取而来的，其含有 3 种非常相似的化合物：吗啡、可待因和蒂巴因，其中的两种物质今天仍在广泛使用，显示出罂粟这种植物是多么神奇。在数千年的时间里，人类并没有抗生素或疫苗，但至少还有一种真的非常好的止痛药。

如今人们应用了一系列化学结构与鸦片类似的物质，其中一些物质的药效甚至是鸦片中主要物质吗啡的数千倍（对比一下，阿司匹林的止痛效果只有吗啡的几百分之一）。每一种类似物质都有它独特的优点：有的可以持续作用较长时间，在体内留存数日；其他一些物质则因为能够从体内被迅速清除而有特别的用途。

鸦片及其人工合成的衍生物可以让人产生化学依赖性（成瘾）。这种性质和它们能够减轻身体与心理的疼痛这一事实，让它们成了最危险的活板门。无论是合法的还是非法的形式，它们都很频繁地被人滥用，这让医生非常不愿意把它们开给患者使用，即便是那些正被严重疼痛折磨的患者。不幸的是，当合法的处方停止之后，那些已经变得对合法药物成瘾的人们就会转而求助于街头的海洛因——一种危险的物质，常常会被其他合成的吗啡衍生物所污染。

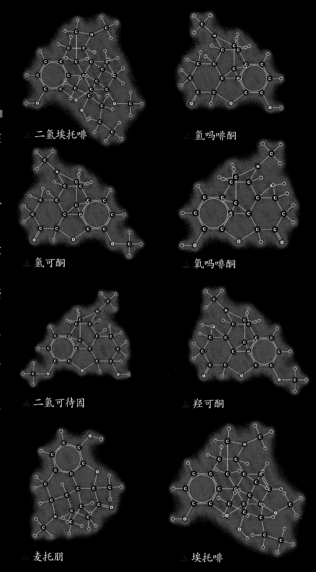

二氢埃托啡　　　　　氢吗啡酮

氢可酮　　　　　　　氧吗啡酮

二氢可待因　　　　　羟可酮

麦托朋　　　　　　　埃托啡

▷ 这一页图中出现的所有化合物，有些是天然的，有些是人工合成的，但它们都有一个相同的结构：像吗啡一样的 4 个环，并且都是强力的止痛药。旁边这 3 种物质——吗啡、可待因和蒂巴因——共同组成了鸦片的天然提取物。

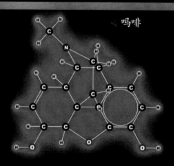

吗啡

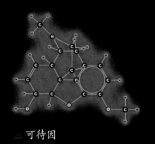

可待因

蒂巴因

这些罂粟的树脂中含有浓度非常高的吗啡、可待因和蒂巴因。

鸦片和它的表亲们

▷ 鸦片买卖几千年前就在东方出现了。图中这种精确的"小提琴形状的秤",被用于称取极少量的这种昂贵的物质。

▷ 如果你能把这个10厘米见方的盒子装满鸦片,那就是……很多了。这个盒子虽然在古代常常被视为鸦片盒,但它应该装过烟草。

▷ 凡可汀是几种把乙酰吗啡和人工合成的镇定药物氢可酮联合使用的止痛药之一。这就让它有成瘾性和诱惑力,所以也就只能凭处方供应。像图中这样的药片,在黑市上被大量地销售,卖给那些滥用药物者及为了止痛却无法合法获得它的人们。(药片上的红色斑点是制造商故意加上去的,以清楚无误地表明这个药片里含有氢可酮。)

▷ 在美国,可待因只能凭借医师的处方才可以获得,但在不同的国家有不同的规定,比如,在英国,只要药师同意就可以买到含有可待因的药物。所以,在英国,只要你不是想买多得不合理的数量,你走进任意一家药店都可以买到它。

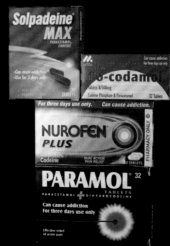

— 19世纪末20世纪初的一些鸦片盒是用一个硬币来制造的,也许还真的能蒙到人呢!图中这个鸦片盒看起来很新,据说是在1906年制造的。

▷ 吗啡曾经是(现在也是)一种在战场上有决定意义的抚慰药物。这个吗啡自助注射器是第二次世界大战期间被人使用过的。这张图展示了如何用一根尖针插进注射器的针头,刺破针管里面的封口薄膜。

▷ 从化学结构上看，这些化合物也许很难和吗啡以及它的表亲们区别开来，但是，它们都是真正的有抗鸦片作用的药物。它们能够阻断人体中鸦片发挥作用的化学通道，抵抗鸦片及其衍生物的药效。这就意味着，它们可以被用作吗啡摄入过量的解毒剂，也能帮助那些鸦片或海洛因成瘾者戒毒。

▽ 纳洛酮 | 环丙甲羟二羟吗啡酮 | 纳洛芬

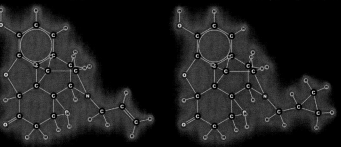

▷ 吞下一小颗吗啡片剂，它就能产生强力的止痛作用，同时也很容易导致对吗啡成瘾。

▷ 海洛因是鸦片家族中的害群之马。它基本上就是作为一种非法的毒品而存在的，在医疗上的用途比鸦片家族的其他成员少。（当它被用于医疗时，则被称为二乙酰吗啡。）

▽ 纳洛酮以注射的形式给药，尽管它很像鸦片，但它并未受到严格管制，因为它根本没有被药物滥用的可能。它被用来治疗鸦片类物质服用过量的患者，因为它能够逆转这些物质所产生的许多作用。

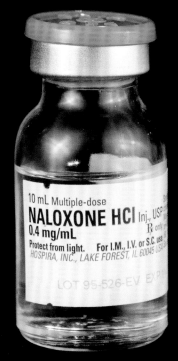

▷ 二氢埃托啡是海洛因中化学成分的纯品，它应该是白色的，而图中这个非法的海洛因样品上则有很多条纹，说明它可能含有一些不可预知的成分，比如一些比海洛因更强烈的精神类药物。这些在街面上销售的毒品非常危险。

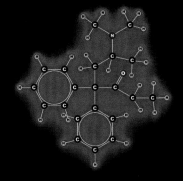

◁ 美沙酮的化学结构与其他的鸦片类止痛药都不相同。尽管整体结构近似，美沙酮却有一套完全不同的化学键，可以适应并且阻塞神经系统中的受体，而这些受体也正是吗啡、海洛因和其他的类婴粟碱所作用的位置。

▷ 美沙酮被用于治疗戒除海洛因所引发的一系列症状。它对于身体有长效性的影响。它紧紧地结合在身体中的鸦片受体上，足量的美沙酮可以抵消海洛因带来的所有影响。

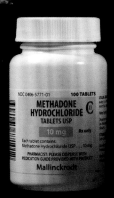

胡椒粉的功效

为了寻找到所有止痛药中最强效的来源，我们需要寻找与罂粟完全不同的植物，其中就有胡椒和胡椒子。

黑胡椒子的强烈气味来自胡椒碱分子，其中包含一个不同寻常的、难以制备的结构：由5个碳原子和1个氮原子组成的六元环。这个结构被称为哌啶，是一些最强效的毒药、止痛药和刺激性药物的基础结构。

止痛药和毒药一般如影随形。如果摄入过量，作用在中枢神经系统的止痛药可能是致命的，因为止痛药发挥功效就是通过关闭这个重要的通信系统的一部分而实现的。随着疼痛的减轻，止痛药也会降低心率和呼吸频率，这可能是一条不归之路。

止痛药也是引起剧烈的疼痛或瘙痒的化合物的近亲，这些物质都会影响神经系统。有时，分子结构中一个微小的变化，会使它从抑制神经作用转变为刺激神经作用。有时，完全相同的分子既能引起疼痛，又能够减轻疼痛，这取决于它的作用部位和摄入量。

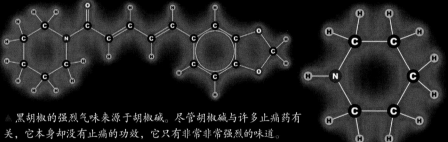

▲ 黑胡椒的强烈气味来源于胡椒碱。尽管胡椒碱与许多止痛药有关，它本身却没有止痛的功效，它只有非常非常强烈的味道。

▼ 黑胡椒经过研磨和纯化，就可以得到胡椒碱。很多情况下，由天然产物提取纯化学品，最终得到的是白色粉末。这么多的白色粉末！实际上这里有一个很好的解释：对于化学品而言，颜色是个不寻常的特性，只有当分子中具有特殊的连接结构时，化学品才具有颜色（参见第12章）。

哌啶是一种简单的六元环，6个原子中5个是碳原子，另1个是氮原子。相对而言，在合成化学中合成一个哌啶环是比较困难的事，所以为了合成一个含有这种特殊的环结构的化合物，最简单的方法是使用含有哌啶环的原料，因此合成中往往把哌啶作为"前体"或合成的起点。

毒芹的毒素是毒芹碱，它的结构是在哌啶环基础上的一个非常简单的变体——哌啶环上连接了3个碳原子的链。这种毒素很有名，在2400年前，它被用来对苏格拉底执行死刑。他没有适当地承认官方指定的神而被归罪。正如经常所见的情况，草药学有时是为那些天生只会说空话的牧师和政客所赋予的丑恶使命服务的。

▽ 1−（1−苯基环己基）哌啶，通常简写成苯环己哌啶或者PCP。哌啶是合成PCP的前体，这使它成为了管制品。

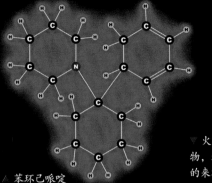

△ 苯环己哌啶

▷ 火蚁非常招人讨厌（因为它们的毒素和啃食有破坏建筑物电线和其他有用东西的倾向）。运输火蚁是非法的，这是为了避免它们被引入尚未被其侵扰的地区。因此我们拍下这个漂亮的金属模型，而不是真正的火蚁。

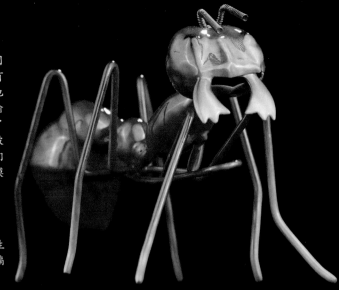

▽ 火蚁碱——另一种哌啶衍生物，这是被火蚁咬一下产生剧痛的来源。

△ 火蚁碱

▷ 尽管名称相近，但是用于自卫的胡椒喷雾其有效的刺激物并不是哌啶的衍生物。它是辣椒素，一种完全不同的物质，来源于红辣椒，而不是黑胡椒子。

△ 辣椒素

▷ 毒芹叶，因含有毒素毒芹碱而出名。

▷ 在胡椒的世界中，更令人吃惊的是辣椒素。相同的化合物，用作辣椒喷雾剂时，可以给人带来剧烈的疼痛感；而另一方面，它也可以涂在皮肤上作为止痛药使用。刚开始使用这类药膏时，会有灼热感，因为辣椒素会刺激神经。但是随着神经被强烈的辣椒素刺激而麻木，疼痛会逐渐缓解。

胡椒粉的功效

> 这是与哌啶相关的止痛药的整个家族。每一种用于人或动物的药物，都有它自己独特的好的一面和坏的一面。药效最强的止痛药通常只用于大型动物。

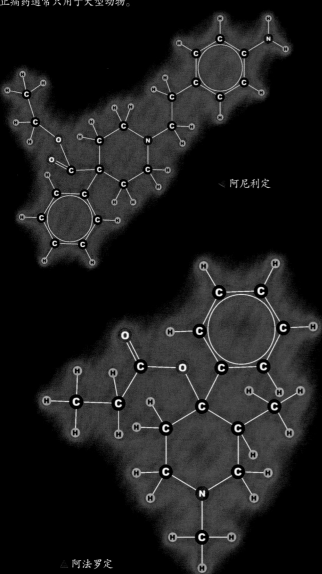

▽ 阿尼利定

△ 阿法罗定

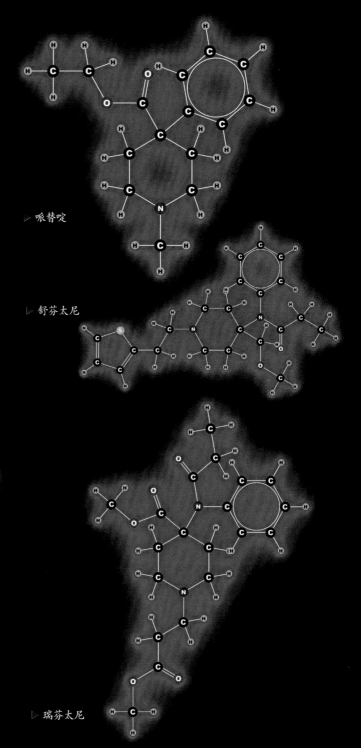

▷ 哌替啶

▷ 舒芬太尼

▷ 瑞芬太尼

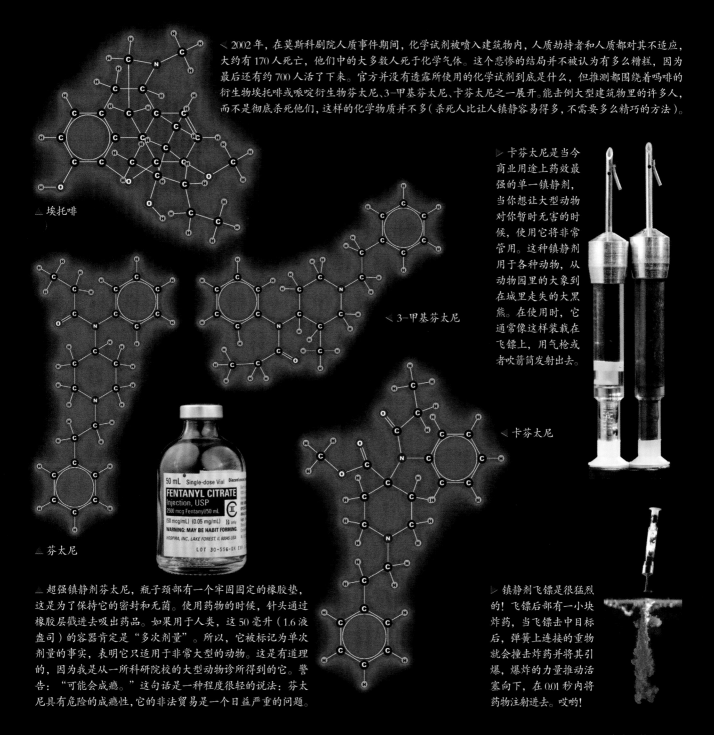

2002 年，在莫斯科剧院人质事件期间，化学试剂被喷入建筑物内，人质劫持者和人质都对其不适应，大约有 170 人死亡，他们中的大多数人死于化学气体。这个悲惨的结局并不被认为有多么糟糕，因为最后还有约 700 人活了下来。官方并没有透露所使用的化学试剂到底是什么，但推测都围绕着吗啡的衍生物埃托啡或哌啶衍生物芬太尼、3-甲基芬太尼、卡芬太尼之一展开。能击倒大型建筑物里的许多人，而不是彻底杀死他们，这样的化学物质并不多（杀死人比让人镇静容易得多，不需要多么精巧的方法）。

△ 埃托啡

3-甲基芬太尼

▷ 卡芬太尼是当今商业用途上药效最强的单一镇静剂，当你想让大型动物对你暂时无害的时候，使用它将非常管用。这种镇静剂用于各种动物，从动物园里的大象到在城里走失的大黑熊。在使用时，它通常像这样装载在飞镖上，用气枪或者吹箭筒发射出去。

▽ 卡芬太尼

FENTANYL CITRATE
Injection, USP

△ 芬太尼

△ 超强镇静剂芬太尼，瓶子颈部有一个牢固固定的橡胶垫，这是为了保持它的密封和无菌。使用药物的时候，针头通过橡胶层戳进去吸出药品。如果用于人类，这 50 毫升（1.6 液盎司）的容器肯定是"多次剂量"。所以，它被标记为单次剂量的事实，表明它只适用于非常大型的动物。这是有道理的，因为我是从一所科研院校的大型动物诊所得到的它。警告："可能会成瘾。"这句话是一种程度很轻的说法：芬太尼具有危险的成瘾性，它的非法贸易是一个日益严重的问题。

▷ 镇静剂飞镖是很猛烈的！飞镖后部有一小块炸药，当飞镖击中目标后，弹簧上连接的重物就会撞击炸药并将其引爆，爆炸的力量推动活塞向下，在 0.01 秒内将药物注射进去。哎哟！

可卡因的使用与滥用

可卡因夺去了无数的生命，阴影笼罩整个人类。但是在历史的长河中，它更多地被视为一种有用的药物。印加人通过食用古柯叶来为自身提供能量，而古柯叶是可卡因的主要来源。著名精神分析学家西格蒙德·弗洛伊德服用可卡因并建议他的病人也服用。作为能量饮料的可口可乐，其早期的普及正是基于它含有可卡因的事实，正如其名（可卡因于 1903 年从可口可乐中去除）。

即使在今天，可卡因仍是常见并广泛使用的表面麻醉剂（这意味着它用于皮肤的表面而不是内部）。牙医在他们伸出长长的针之前，先用可卡因麻醉你的牙龈（这么干有很多好处）。有趣的是，牙医用的可卡因的副作用之一是"不寻常的愉悦感"，这不是问题，我已经看过牙医了！

像其他化学品一样，可卡因本身确实没有什么目的或者意图，是善是恶取决于使用它的人。

内含以磨碎古柯叶形式存在的可卡因的茶包在南美洲是很常见的。

咀嚼干古柯叶在南美洲有着几千年的历史；在南美洲，干古柯叶也用于泡茶来招待观光客。但是这些叶子含有可卡因，在世界的大部分地区被视为非法物品。

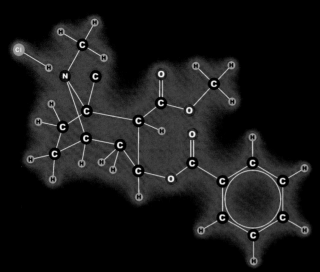

提取自古柯叶的标准粉末可卡因含有可卡因分子，并含有一个盐酸分子。它的学名为盐酸可卡因或者可卡因盐酸盐。盐酸中的氢原子附着在可卡因分子的一部分上，说明可卡因是一种弱碱（与酸相对），氯原子在附近徘徊。盐酸可卡因具有高的熔点和低蒸气压。

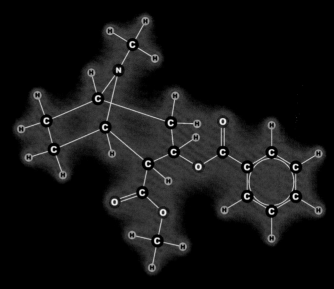

纯可卡因，可以在快克可卡因和以"游离基"形式存在的可卡因中发现，它并没有一个结合的盐酸分子。可卡因以这种游离的形式存在时，具有低的熔点，并且在远低于它的分解温度之下具有高蒸气压。

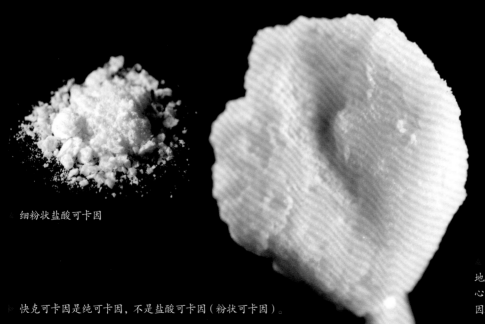

细粉状盐酸可卡因

快克可卡因是纯可卡因，不是盐酸可卡因（粉状可卡因）。

用于医疗目的时，盐酸可卡因能有效地麻醉牙龈、鼻子或咽喉。病人必须要小心，以免咬到舌头而没有觉察。盐酸可卡因通常溶于水中，使用时用棉签蘸取。

可卡因的使用与滥用

> 3种极常见的麻醉剂——利多卡因、奴佛卡因和苯佐卡因，乍一听我们一般会认为它们是可卡因的衍生物。事实上，它们的化学结构与可卡因是完全不同的，它们并没有可卡因所特有的多环结构。和可卡因一样，它们也作为表面麻醉剂使用，也像可卡因一样用于牙科和小手术。与可卡因不同的是，它们很少有可能被滥用，是非处方药（在美国）。

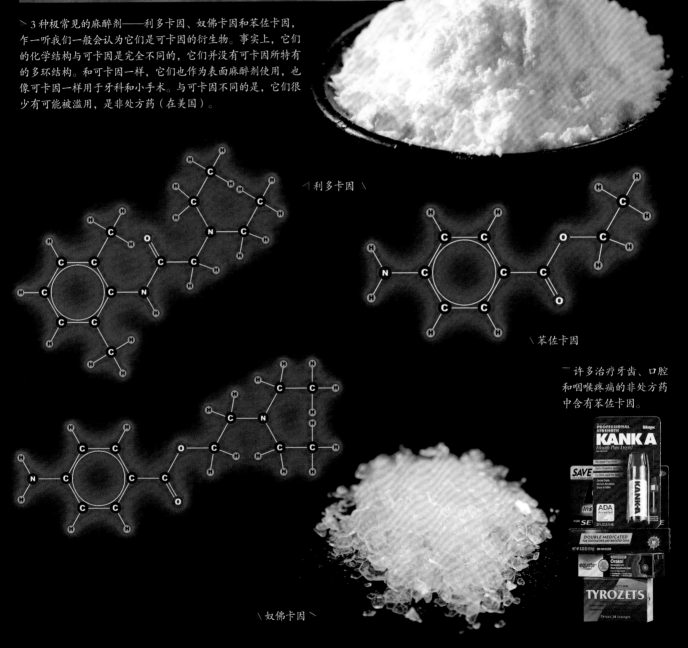

⊣ 利多卡因 ⊢

苯佐卡因 ⟍

— 许多治疗牙齿、口腔和咽喉疼痛的非处方药中含有苯佐卡因。

⟍ 奴佛卡因 ⟋

古怪的止痛药

疼痛是很奇怪、很主观的事。这也许并不令人吃惊：有一些古怪的化合物可以作为止痛药使用。另一个原因是疼痛可以攻击人体的多个部位，所以有相当多的化合物可以作为潜在候选的止痛药。

大多数止痛药（事实上大多数药物）是相当简单的，是十分小的分子，可能包含几十个最多一百个原子，并内置了如苯环一样稳定的亚结构。很大程度上，之所以作为止痛药不是因为这种分子具有更好的生物学功能，而是因为这种分子在胃中足够稳定，从而可以进入血液。当然，任何药物使用的前提都是能够被吞咽。

例如，一些蛋白质是潜在的优良止痛药，然而，对于胃而言，"蛋白质"的另一个名字是"食物"，会被及时地消化。结果是，从蛋白质衍生的药物通常可以仅通过注射或吸入给药。尽管如此，一些最有前途的新的止痛药都是从不太可能的来源中得到的蛋白质。

▷ 齐考诺肽（商品名：诺肽）是一种芋螺毒素的小型合成仿制品。它通过注射直接进入脊髓液，并仅用于治疗最严重的、持续性的疼痛。

△ 在我们讨论到目前为止，加巴喷丁（商品名：纽诺汀）不是任何一种我们前面讲到的止痛药类别的成员。它的设计是模仿脑中的一种神经递质 γ-氨基丁酸，这种递质具有一定的结构相似性。在通常情况下，它用于治疗神经痛，但在监狱中的许多场合下，使用加巴喷丁代替可待因进行麻醉更合适。因为它不可能被滥用，它不是使人感觉兴奋，而是使人苦不堪言，而且几乎没有实际的伤害。

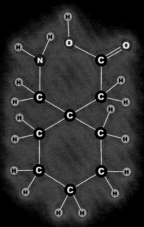

△ 加巴喷丁-90-F

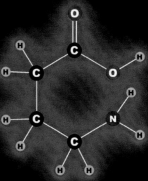

↘ γ-氨基丁酸

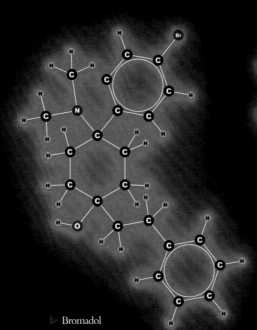

▷ Bromadol

↘ Bromadol 与其他的止痛药不同，人们并不清楚它作用于人体时是否有效，但犯罪团伙仍试图将其作为麻醉药出售。

古怪的止痛药

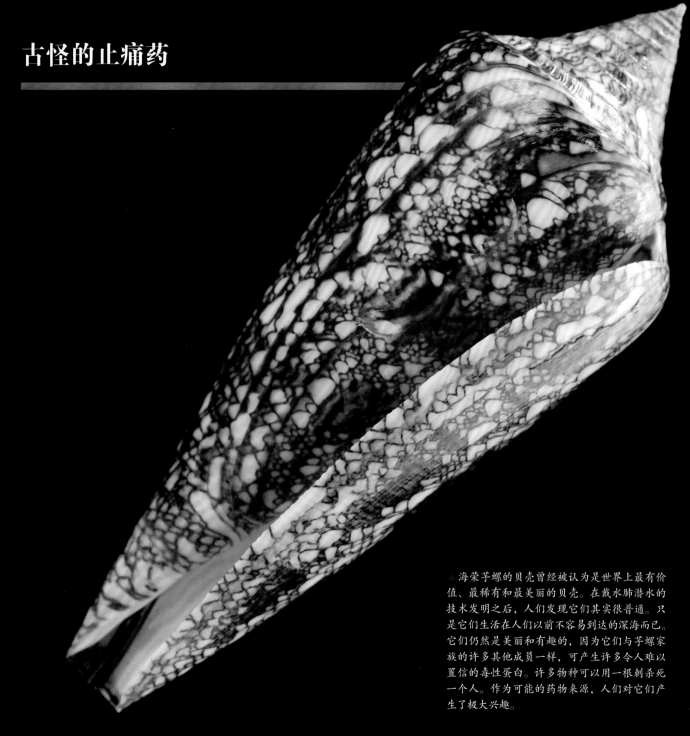

海荣芋螺的贝壳曾经被认为是世界上最有价值、最稀有和最美丽的贝壳。在戴水肺潜水的技术发明之后，人们发现它们其实很普通。只是它们生活在人们以前不容易到达的深海而已。它们仍然是美丽和有趣的，因为它们与芋螺家族的许多其他成员一样，可产生许多令人难以置信的毒性蛋白。许多物种可以用一根刺杀死一个人。作为可能的药物来源，人们对它们产生了极大兴趣。

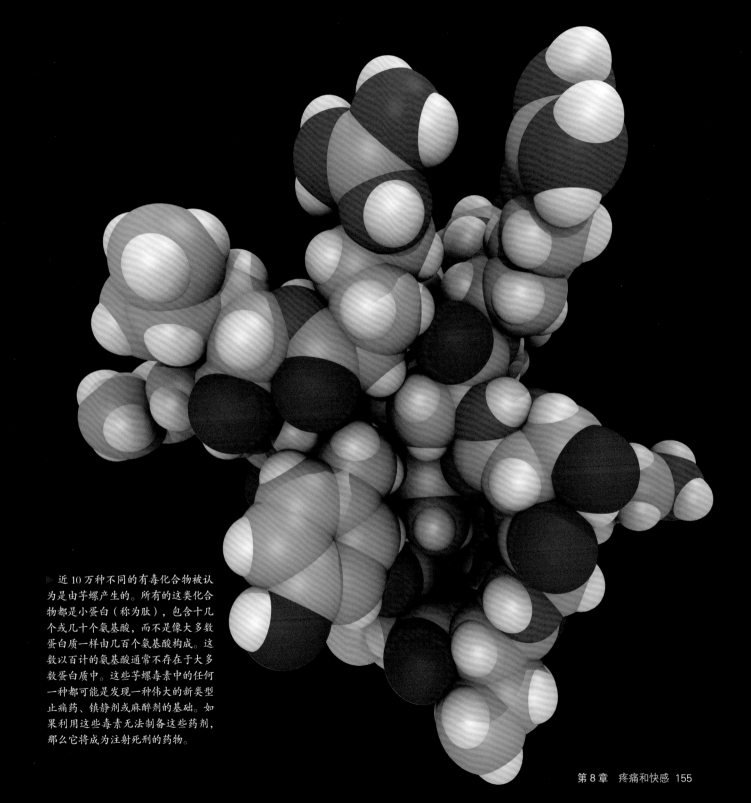

近 10 万种不同的有毒化合物被认为是由芋螺产生的。所有的这类化合物都是小蛋白（称为肽），包含十几个或几十个氨基酸，而不是像大多数蛋白质一样由几百个氨基酸构成。这数以百计的氨基酸通常不存在于大多数蛋白质中。这些芋螺毒素中的任何一种都可能是发现一种伟大的新类型止痛药、镇静剂或麻醉剂的基础。如果利用这些毒素无法制备这些药剂，那么它将成为注射死刑的药物。

第9章 糖和双糖

许多分子可以使物品具有甜味，不幸的是，我们往往会滥用我们所喜欢的事物。普通食糖（蔗糖）及其近亲葡萄糖和果糖，当摄入过量时，它们都是有毒的。它们会导致糖尿病、心脏疾病、龋齿、黄斑变性、外周神经病变、肾病、高血压和中风。这些糖是人造的吗？它们都早就应该被禁止使用了吧？

健康的替代品可以是高强度的天然甜味剂及合成的甜味剂，其中大多数只需要很少的量就能达到超级甜的效果。但是有两个很大的问题——很多人不喜欢它们特有的味道，并且对诱发脑癌有所恐惧（就算是最可疑的人造甜味剂，对人类健康的危害也远远比不上天然的糖类）。被称为糖醇的低热量化合物具有一种接近蔗糖的味道，只是食用后胃部偶尔会有不适。

这类物质每年被人们数以亿吨计地、心甘情愿地甚至是热情地消耗掉，这证明了我们多么渴望这些奇妙的、有点罪恶的分子的甜甜的味道。

◁ 蜂蜜，和高果糖浆一样，它是果糖和葡萄糖约 50 : 50 的混合物。

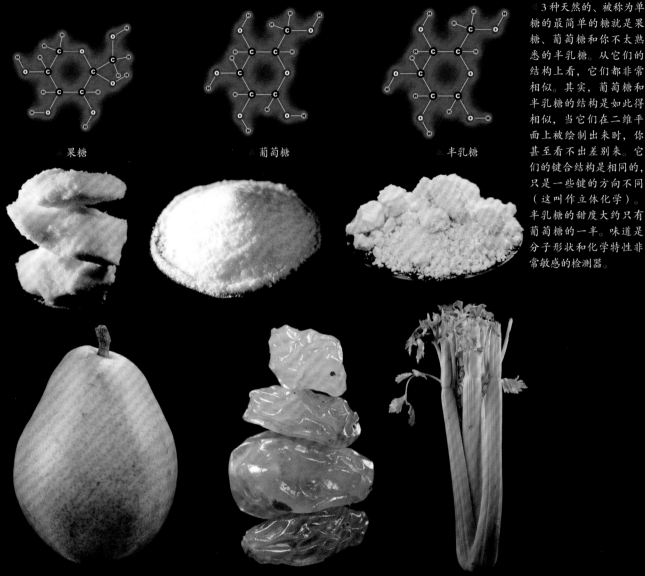

果糖　　　　　　　　　葡萄糖　　　　　　　　　半乳糖

3种天然的、被称为单糖的最简单的糖就是果糖、葡萄糖和你不太熟悉的半乳糖。从它们的结构上看，它们都非常相似。其实，葡萄糖和半乳糖的结构是如此得相似，当它们在二维平面上被绘制出来时，你甚至看不出差别来。它们的键合结构是相同的，只是一些键的方向不同（这叫作立体化学）。半乳糖的甜度大约只有葡萄糖的一半。味道是分子形状和化学特性非常敏感的检测器。

与大多数水果中果糖与葡萄糖大致相等的比例相比，梨中的果糖含量相对高于葡萄糖的含量，两者的比例超过3∶1。果糖的甜味约是葡萄糖的1.7倍（这意味着只需要把较少的果糖溶解在水中，就能让50%的测试者感觉到甜味了）。

葡萄糖不作为任何常见天然来源的单独组分，通常与果糖共存。它的纯品最初是从葡萄干中分离出来的。葡萄干（葡萄干，当然指的是晒干的葡萄）和大多数水果一样，含有葡萄糖和果糖的混合物（葡萄干中两者约各占一半）。葡萄糖有时被认为是葡萄中的糖。

半乳糖可能是人们最不熟知的单糖，所以对于半乳糖含量最高的天然食品，可能你都会认为它不是一种含糖食品，这就是芹菜。

双糖

普通食糖不是我们刚刚看到的任何一种单糖，它是由一分子的葡萄糖和一分子的果糖（两种单糖）相互结合组成的，称为双糖。乳糖是在奶中发现的糖，是葡萄糖和半乳糖的结合物。麦芽糖是在发芽的谷粒中发现的糖，是两个葡萄糖单元的结合物。自然界和工厂造就了各式各样变化的糖，变化取决于连接的单糖的种类、数量以及它们之间的连接方式。

每种组合都有其独特的化学结构、口感和健康意义。

甜味剂行业工作者所做的许多工作都可以归结为将其中的一种糖转变成另一种糖。例如，为了制备高果糖浆，将麦芽糖拆分成两个独立的葡萄糖单元，然后将一些葡萄糖转换为果糖，生成葡萄糖和果糖的混合物。（几乎一模一样的组合物可以在许多水果和蜂蜜中发现，但用玉米做出来会比较便宜。）

在看食品成分表时，记住，糖分的来源并不重要。无论是甘蔗糖、龙舌兰糖浆、蜂蜜、高果糖浆、麦芽糖糊精，还是一些非糖（如淀粉），每种成分都可被解码成特定的单糖混合物。单糖比例和糖的总量可以确定食物的健康信息。使用特定的甜味剂可以使食物有令人愉快的味道和颜色，但除了糖的总量和单糖比例以外，它与营养或健康无关。

普通食糖和蔗糖都带有讨人喜欢的外形和颜色。虽然粒度和各种杂质的差异可能会显著地影响它们的口感，但是它们的营养成分是相同的。所有的糖最初都是棕色的；我们常见的白砂糖是把红糖中的糖蜜去除而得到的。

蔗糖

粉糖

比利时珍珠糖

浅红糖

深红糖

椰子糖

甜菜糖

糖蜜

我们喜欢糖的味道，它还为人体提供了大量的能量。从进化的角度看，对那些给我们提供能量的生物来说，糖也是很好的食物，只有在我们食用过剩的时候，它才成为问题。

蔗 糖

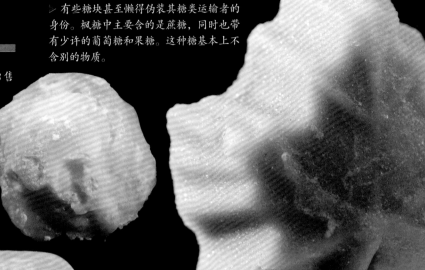

▷ 这种棕榈糖球是作为糖源出售的，而不是用于直接食用的。

▽ 粗黄糖来源于印度，是一种高度未提纯的糖。它的来源途径有多种，包括甘蔗、棕榈或红枣。它不仅含有糖，还含有正常情况下与纯糖分离的物质，包括蛋白质和植物纤维。

▷ 有些糖块甚至懒得伪装其糖类运输者的身份。枫糖中主要含的是蔗糖，同时也带有少许的葡萄糖和果糖。这种糖基本上不含别的物质。

▽ 大多数蔗糖来自甘蔗，这是一种草（非常非常大的草）。你可以买甘蔗鲜切段作为零食来啃。

▷ 优质的、老式包装的蔗糖，方便直接送到血液里。

▷ 继甘蔗之后，蔗糖的第二大来源是甜菜。用于制糖的甜菜要比你在杂货店里见到的大得多，并且它的表皮是白色的。

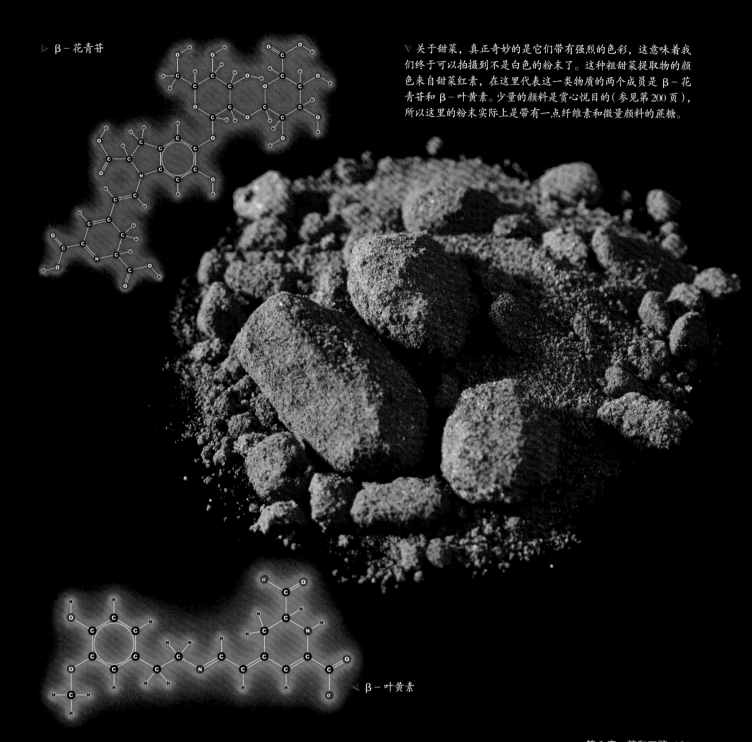

▷ β-花青苷

∨ 关于甜菜，真正奇妙的是它们带有强烈的色彩，这意味着我们终于可以拍摄到不是白色的粉末了。这种粗甜菜提取物的颜色来自甜菜红素，在这里代表这一类物质的两个成员是 β-花青苷和 β-叶黄素。少量的颜料是赏心悦目的（参见第 200 页），所以这里的粉末实际上是带有一点纤维素和微量颜料的蔗糖。

∨ β-叶黄素

乳糖

乳糖，奶中的糖，由葡萄糖和半乳糖结合而成。

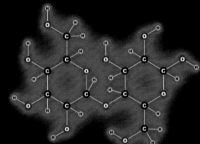

△ 纯乳糖通常不会被单独使用，但是它看上去和蔗糖差不多，也可以像蔗糖一样使用。

△ 约一万年前，基因突变导致成年人具有消化乳糖的能力，迄今已蔓延到全球总人口中的大约 1/3（尽管这一比例比世界上的某些地方高得多）。基因未突变的人在成年以后很难消化奶中的乳糖，所以这样的药丸中都含有可以分解乳糖的酶，让基因未突变的人也能享受牛奶和冰激凌的美味。

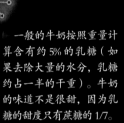

▷ 一般的牛奶按照重量计算含有约 5% 的乳糖（如果去除大量的水分，乳糖约占一半的干重）。牛奶的味道不是很甜，因为乳糖的甜度只有蔗糖的 1/7。

麦芽糖

麦芽糖，发芽谷物中的糖，由两个葡萄糖单元组合而成。

▷ 纯净的麦芽糖是像蔗糖和乳糖一样的另一种白色粉末，但较常见的是它被当作极浓的糖浆出售（在较冷的房间里，它像一块石头而不是糖浆）。这种原料中约含有 70% 的麦芽糖，它不是白色的说明它不纯。

▷ 发芽的谷物（在这个例子中是玉米）是指已可以发芽但不可超出萌发阶段的种子。发芽的谷物含有很高比例的麦芽糖，而且相当美味。粉状的发芽玉米的提取物通常被用于提取其中的糖分和酿造（其中，细菌将糖转化为酒精，用于制造啤酒和其他饮料，或用作燃料）。

▷ 来源于发芽玉米和玉米糖浆的麦芽糖可以几乎完全由麦芽糖组成，除非它已被加工成高果糖浆，这是一种完全不同的物质，后文中将会说明。

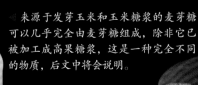

其他的糖类混合物

麦芽三糖是一类最简单的食品配料，商品名为麦芽糊精（在各类食品标签中常见）。麦芽糖是 2 个葡萄糖单元，麦芽三糖是 3 个葡萄糖单元，其他麦芽糊精由最多 20 个葡萄糖单元以相同的方式连接起来（其中有超过 20 个葡萄糖单元的物质被称为淀粉）。下图中是一些市售的麦芽糊精粉末。

高果糖浆（HFCS）的用途非常广泛，尤其是在美国。在那里，因为税收和农业政策的缘故，它比蔗糖便宜。它的主要成分一半是果糖，另一半是葡萄糖。纯的高果糖浆只能大批量购买，散装的是很难买到的，不过没关系，因为许多在市面上出售的煎饼糖浆基本上就是高果糖浆。这是因为在同样甜味的条件下，它们与甜的蔗糖糖浆相比含有较少的热量，所以被标记为"轻"。

蜂蜜，和高果糖浆一样，也是果糖和葡萄糖大致各占一半的混合物。两者都通过酶将其他糖转化为我们所期望的果糖和葡萄糖混合物（蜜蜂在自己肚子里做，人在大桶里做）。蜂蜜还含有其他一些糖类及微量的、高效能的有机化合物，这带给每种蜂蜜以其独特的色泽和风味。从审美和品味的角度来看，蜂蜜和高果糖浆有很大的不同，但是从营养和健康的角度来看，很难证明它们有什么不同。实际上，在市面上出售的蜂蜜有时被加入了较便宜的高果糖浆。一瓶蜂蜜中是否掺假是无法经过任何化学分析而确定的，因为掺假产品与未掺假产品中的糖没有区别，在实验室或者在你的身体中都无法鉴定。（有趣的是，我们通过仔细分析碳-13 同位素的组成有可能获得答案，但只能勉强测出，而且碳-13 同位素的比率实际上并不影响其生物学功能。）

淀粉是由许多个葡萄糖单元以端基简单地相连而形成的长链，像麦芽糊精一样，只不过链条更长一些。淀粉和普通双糖中的糖单元之间的键都很容易被胃中的酶破坏掉，所以当你吃任何含糖或淀粉类的食物时，你所接触到的营养是单糖的混合物。

糖尿病患者往往会特别担心葡萄糖的问题，但实际上淀粉比蔗糖更糟糕，因为蔗糖是葡萄糖加果糖，而淀粉是纯葡萄糖，它甚至没有甜味。

转化糖是食糖（蔗糖）已被分解成葡萄糖和果糖成分（全部分解形成 50∶50 的葡萄糖和果糖的混合物，或部分分解形成葡萄糖、果糖和蔗糖的混合物）。因此，转化糖与高果糖浆和蜂蜜在化学上是非常相似的。它们的主要区别是：转化糖是用甘蔗糖或甜菜糖生产的，高果糖浆是用发芽的玉米生产的，蜂蜜是蜜蜂从花朵的花蜜中得到的糖。换句话说，相比于化学或营养方面，转化糖只是价格较便宜。我很惊讶地发现它的味道与蜂蜜是多么相似，我本来期望蜂蜜的味道更多地来自于其次要成分，但实际上似乎来自于果糖和葡萄糖的混合物。由高果糖浆制成的煎饼糖浆也存在该混合物，但它是在市售的转化糖浆中添加了人工香料。

以糖浆或干燥提取物粉末的形态被销售的龙舌兰，因人们声称它比普通糖更健康而销量很大。这种说法似乎主要是因为其相对于蔗糖而言有较高含量的果糖，这使它在 4.18 焦耳的热量基础上可以更甜。（龙舌兰的糖中大约 90% 是果糖，而蔗糖或高果糖浆中只含有约 50% 的果糖。）但相比其他天然的甜味剂及合成的甜味剂，两者甜味的差异很小，除非你主要关注的是热量。

糖　醇

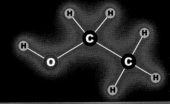

醇类，就是一个羟基（氧加氢原子）连接在一个碳原子上，并且这个碳原子上没有连接其他的氧原子。如果一个分子有这样的基团，它就是醇；如果没有，那就不是醇。

正如我们所知，醇是指包含羟基的任何有机化合物（参见第 38 页），它是由一个氧原子和一个氢原子以一定的方式结合（参阅下面的例子：乙醇）而成的任何有机化合物。醇类，如甲醇、乙醇和异丙醇，它们都只含有一个羟基，但没有理由说一个分子中不能含有更多的羟基。

看看前几页中我们讨论过的任意一个糖分子，你会发现它们的内部都充满了羟基！蔗糖有 8 个羟基。但除了作为醇，糖类也可以用酯键将环连接起来。

事实证明，和糖的结构非常相似，但没有复杂的酯环的分子，也能让人感觉甘甜。简单的"糖醇"赤藓糖醇及木糖醇被广泛地用作"无糖"产品的人工甜味剂。它们不是糖，它们不会引发龋齿（实际上，木糖醇的出现是为了防止蛀牙生成，而不是导致蛀牙生成），并且它们不会导致血糖水平升高。

它们的甜味各有不同，但总体来说与食糖的甜度水平差不多。糖醇有助于给食物提供热量，所以人们用它来代替糖主要是为了糖尿病患者，而不是节食者。如果是为了减肥，有更好的选择。

几种常见的糖醇甜味剂是结构简单的、饱和的糖醇。例如，赤藓糖醇含有 4 个碳原子，每一个碳原子都连有自己的羟基基团。木糖醇含有 5 个碳原子，每一个碳原子都连有羟基。山梨糖醇和甘露糖醇各含有 6 个碳原子，每个碳原子上带有一个羟基。它们的区别仅在一个键的方向上，只有在该分子的三维结构上才可以看出其差异。

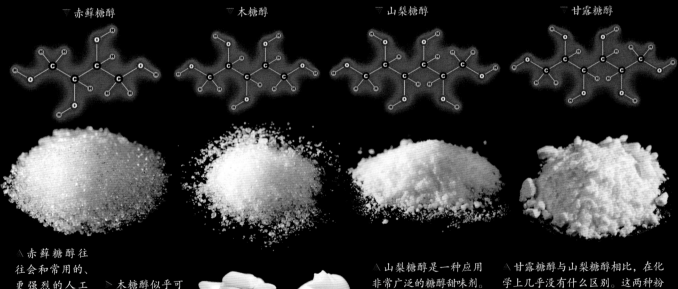

▽赤藓糖醇　　　　▽木糖醇　　　　▽山梨糖醇　　　　▽甘露糖醇

△赤藓糖醇往往会和常用的、更强烈的人工甜味剂合用，以平衡它们的味道。不像其他的糖醇，它不会引起胃部不适。

▷木糖醇似乎可以有效预防蛀牙，这使它绝对是一种理想的甜味剂，可被用于无糖口香糖和牙膏中。

△山梨糖醇是一种应用非常广泛的糖醇甜味剂。它虽然很甜，但也容易引起胃部不适。这个信息可能隐含着一个暗示，即山梨糖醇的另一个常见用途是润肠通便。

△甘露糖醇与山梨糖醇相比，在化学上几乎没有什么区别。这两种粉末看起来不同，只是因为粉末的外观表明它有多精细、多潮湿以及它是如何排列的。这是多么让人绝望啊！这种白色粉末的外观只与其他的白色粉末有一点不同。

麦芽糖醇和异麦芽糖醇

麦芽糖醇和异麦芽糖醇都是葡萄糖和糖醇的组合物，差别在于葡萄糖连接糖醇的位置不同。麦芽糖醇是葡萄糖和山梨糖醇的组合物，而异麦芽糖醇是葡萄糖和甘露糖醇的组合物。

人们通过一些创意试验，使这些戈米熊软糖在一定程度上获得了网上的声誉：评论者通过电子商务网站参与活动，描述食用一把糖果后对肠道的作用。这些报告可能已经具有略显夸张的喜剧效果，但事实是，其主要成分来卡生是多种糖和糖醇（主要是麦芽糖醇）组合形成的混合物。在大剂量使用时，来卡生是有效的通便剂。

麦芽糖醇是一种被广泛使用的糖类代替物。在写这段说明文字的过程中，我相当震惊地获悉，它和它的类似物异麦芽糖醇都不是纯粹的糖醇，而是糖醇与一个真正的糖分子的组合物！

相比于麦芽糖醇，异麦芽糖醇在美国的应用范围似乎不太广泛，但在任何情况下它们都非常相似。

不仅几乎所有种类的无糖巧克力都含有麦芽糖醇，而且麦芽糖醇也是大多数无糖巧克力生产商在其包装上首要列出的成分（这意味着它在所有成分里以重量计的话是最重的）。事实证明，我心爱的无糖巧克力并不是真的和我想象的一样无害，因为麦芽糖醇含有糖类大约一半的热量（也就是说，依然不可小视），并确实会对血糖造成可观的影响，因为胃酶会把它分解成葡萄糖和山梨糖醇。

超级甜味剂

糖和糖醇是被大剂量使用的甜味剂。人们需要相当数量的这种甜味剂，以使食物或饮料口感甘甜。在极甜的食物（如糖果或早餐谷物）中，它们有时作为最主要的成分列出，这意味着按照重量计算的话，食物中的甜味剂比其他物质都要多。

但是，一些化合物在甜味上完全是另外一码事。这些物质都比蔗糖甜几百甚至几千倍，所以只需要零点几克就够了。一方面，这很了不起，这意味着不管该物质是什么，它都不能提供任何值得一提的热量，因为只有很少的一点点。另一方面，这又是一个问题，因为糖和大剂量的糖代替品赋予食物的不仅仅是甜度，还有其他重要的属性（如糖著名的黏性，可以把其他东西黏在一起；在高温下它会变成焦糖色；它的口感，以及它的防腐作用，更不必说那漂亮的糖块外形）。

当使用超强甜味剂时，必须找到可以代替糖，又不会具有令人不悦的味道或质地的其他物质，并且不会带来任何你试图避免的热量。

大多数甜味剂都是人工合成的化合物，但市面上使用的两种最强效的甜味剂，即甜菊糖和罗汉果苷（从罗汉果中提取）却是天然植物提取物。当然，一个给定的分子，说它是天然的还是合成的，并不能表明它的口感好不好，或者能不能安全食用，但在有关标签管理的规定上却有极大的差别。如果食物是用植物提取物制成的，就可以标注为"全天然"或者类似的话。

糖　精

△ 第一种无毒的、在商业上获得成功的人工糖替代品就是糖精。它经历了一些艰难的时刻。最初，它的使用被人们视为欺诈行为，因为作为价格便宜的食糖替代品，它没有什么营养价值（在过去，从食物中获得热量被认为是一件好事）。后来，从20世纪70年代到90年代，它被怀疑可导致膀胱癌，它的标签上也添加了警告语。到2000年时，人们已经很清楚该物质实际上并没有给人类带来麻烦，标签上的警告语也就被删除了。

▽ 糖精的甜度约是食糖（蔗糖）的300倍，一些不错的与糖精有关的现存古董也足够老了。我把这个糖精碗置于类似糖碗的顶部，表明糖精是多么有效。糖碗很小，因为它所能容纳的糖只够使一杯或两杯咖啡变甜。相反，一个糖精碗里面装的糖精，却足够人吃一辈子！

△ 糖精在大量的产品中使用，而餐馆和家庭会使用这种小包装的糖精。我从小到大一直看到各种与糖精相关的警示标识，所以如今发现它可以加到食品里而不需要特殊的标签，一时有点惊讶。这种警告是错误的，但它可能已经造就了整整一代看见糖精就想吐的人。仿制品直接加入粉色色调，作为独特的品牌形象，这难道不是很了不起吗？大多数糖的替代品及其仿制品是导致采购员精神错乱的原因，因为需要给商标标记特定的颜色。

▽使用超级甜味剂的纯品时有个麻烦：你会很难称量出应该使用的量，比如，给一杯咖啡里加入的量。由于大多数人都不会随身携带毫克级的称量工具来称取几粒粉末，所以像糖精之类的甜味剂几乎总是混有大量的其他种类的填充物，因此其效果更接近于糖。另一种方法是将它们压制成大小一致的药片。药片也是添加了稀释剂的，但并不需要那么多。这个漂亮的小糖精药丸盒自带一个小夹钳，便于人们拿取药丸，每个药丸相当于一茶匙（5克）的糖。

▷这个仿古糖精罐头可能是用于商业用途的：这种纯粉状的、强效的甜味剂是很难被处理的，除非你正在做一大批的此类甜食。

◁出于某种原因，我订购了0.5千克的糖精用于拍摄。那我现在该怎么办呢？这相当于150千克的糖！

▽超强甜味剂还有一个令人意想不到的用途，即检测你的粉尘过滤口罩是否符合标准。当你戴口罩时，呼吸带有糖精溶液的雾气，如果你可以品尝到糖精的甜度，那么说明口罩需要修补或调整。人们可以使用任意量的、味道强烈的化合物来检测口罩，比如辣椒素（即胡椒喷雾）——但我想，使用糖精是一个比较令人愉悦的检查口罩是否合格的方式。

甜蜜素

糖精和甜蜜素这种分子，以一个硫原子键合两个氧原子的形式表明它们的人工合成来源。在你常看到的天然分子中这种结构并不常见，它不存在于任何的天然甜味剂中。但由于某些原因，我们似乎很喜欢这个结构的味道，在其他一些人工甜味剂中也有同样的结构。

难道我们不能和睦相处吗？在美国，甜蜜素被禁止使用，而糖精是合法的，所以这个"零热量甜味剂"里面用的是糖精。在加拿大，甜蜜素是合法的，而糖精是被禁止使用的，所以有生产商用甜蜜素制造低脂糖。

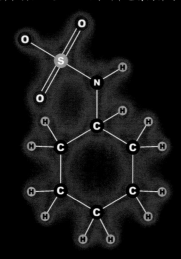

在允许使用甜蜜素和糖精的许多国家中，包括欧洲大部分地区，这两者的混合物是优选的，因为每一种化合物可以部分抵消其他口味的消极方面。甜蜜素的甜度是糖精的大约 1/10，所以按 10：1 的比例加入甜蜜素与糖精，可以获得大致相等而各自突出的味道。

这是混有糖精和甜蜜素的液体，甜度是蔗糖的约 10 倍。

安赛蜜

安赛蜜有着和糖精与甜蜜素一样的硫氧结构，以及一些人并不太在乎的金属口味。它被用于烘烤制品，因为它与一些其他的甜味剂不同，它在高温下相当稳定。

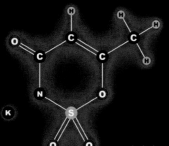

安赛蜜的甜度约是蔗糖的 200 倍。

阿斯巴甜和纽甜

阿斯巴甜是由天冬氨酸和苯丙氨酸这两种氨基酸（构成所有蛋白质的基本成分）组成的。它们以不同于在蛋白质中的连接方式连接在一起，但在胃中这种键几乎立即断裂，所以人摄入阿斯巴甜的唯一结果就是获得这两种氨基酸，这两者都是维持健康生活所必需的营养素。人们目前还未发现阿斯巴甜对人体的害处，事实上，尽管有着几十年的争论，所有的迹象都表明，该物质是完全和绝对安全的。（唯一的问题，含有阿斯巴甜的产品带有警告标签，是因为在约 10 000 人中，就会有 1 个人带有某种基因疾病，而病人在饮食中需要限制苯丙氨酸的摄取，因此，必须严格限制饮食，避免食物中含有苯丙氨酸，他们也需要避免食用添加阿斯巴甜的食物。）

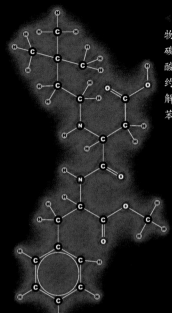

纽甜是阿斯巴甜的一种很有前途的新型衍生物，其中的二甲基丁基（在此图上半部分的 6 个碳和 13 个氢原子）被连接到阿斯巴甜的天冬氨酸部分。这种改变使该物质的甜度是阿斯巴甜的约 50 倍，是蔗糖的 10 000 倍！它在人体内的降解产物是无害的，哪怕是对阿斯巴甜和纽甜中的苯丙氨酸敏感的患病人群同样也是无害的。

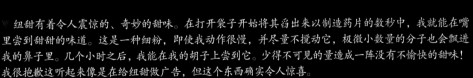

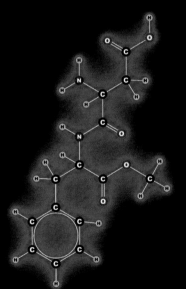

在人们已知的任何天然的或合成的糖代替品中，纽甜是最强的。这里显示的 4.5 克纽甜粉（即微小的一小撮，你可以勉强在图中的袋子顶部看到它）与约 45 千克蔗糖的甜度大致相当。这 4.5 克纽甜粉中含有的热量是零，而相应的糖中则含有约 716 千焦的热量！一茶匙的糖当量，你只需要 0.4 毫克的纽甜。这种极强的甜度，是人们认为纽甜应该相当安全的原因之一。要正确看待它，0.4 毫克是如此微小的量，哪怕纽甜的毒性像 VX 神经毒气（已知的最毒的合成化合物）一样强烈，你仍然可能在喝了一杯添加了纽甜的咖啡后存活下来。

纽甜有着令人震惊的、奇妙的甜味。在打开袋子开始将其舀出来以制造药片的数秒中，我就能在嘴里尝到甜甜的味道。这是一种细粉，即使我动作很慢，并尽量不搅动它，极微小数量的分子也会飘进我的鼻子里。几个小时之后，我能在我的胡子上尝到它。少得不可见的量造成一阵没有不愉快的甜味！我很抱歉这听起来像是在给纽甜做广告，但这个东西确实令人惊喜。

三氯蔗糖

▷ 在化学结构上，三氯蔗糖与蔗糖（食糖）相同，除了3个羟基(−OH)被替换为氯原子。这一变化使它的甜度是蔗糖的600倍并且不会被消化，这意味着我们只需要微量的三氯蔗糖就可以使东西变甜并且不含热量。

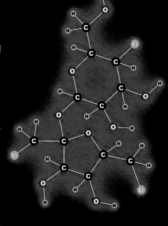

甜叶菊

▷ 甜叶菊提取物是几种相关化合物的混合物，被统称为甜菊醇，其中一些许多合成甜味剂那样效力强劲（它们的甜度大约是蔗糖的300倍）。这里展示的是其中两个最重要的贡献者，即蛇菊苷A和甜菊糖苷。

▷ 三氯蔗糖是接近理想的甜味剂，它被用于无糖烘焙食品中，因为它在高温下稳定，而且味道很好。

▷ 善品糖及其仿制品有相似的彩色包装，与蔗糖甜味相近。这包粉末中的主要成分是葡萄糖（右旋糖）和麦芽糖糊精。它拥有约16.7焦耳的热量，但是美国的食品药品管理局允许其被四舍五入到零。

▷ 这些都是可以提取甜菊糖苷的原始甜叶菊的叶子。许多人认为甜菊糖苷是一种完美的甜味剂，因为它是一种零热量的全天然甜味剂。有人讨厌它的味道，它与你熟悉的糖的味道略有一点不同。

△ 甜叶菊的纯提取物是几个相关分子的混合物。和任何其他的化学物质一样，它们并不会因为其来源是天然的，就能说明其本质是安全或不安全的。到目前为止，它们似乎是安全的，虽然它们还没有像合成甜味剂那样被研究透彻。

▷ 甜菊，像超强的合成甜味剂一样，经常以液体的形式出售，因为按照液滴数来计量是一种使用少量物质的简便方法。这种类型的包装允许液体高度浓缩，大量成分被包装在一个小空间里。粉末的形式是很难做到这一点的。

▷ 由于甜菊糖苷是一种植物提取物，它可以被标注为"纯天然"，甚至作为"膳食补充剂"，这意味着也许它对你有好处。但是，这1克包装里面96%的物质是葡萄糖（以它的确切代词"右旋葡萄糖"标注）；其余4%的物质是甜叶菊提取物，它们是这种食品风味的主要来源。在代糖包中含有几乎纯的糖，这种现象非常普遍。它们可以被标为零焦耳，只是因为美国食品药品监督管理局允许任何热量低于约21焦耳的食物都被标为零热量。1克葡萄糖里就含有16.7焦耳的热量。另一方面，该代糖包约等于两茶匙糖当量，也就含有大约134焦耳的热量。因此，如果你使用一个这样的代糖包，得到的热量是普通糖包的1/8，但摄入的热量不是零。

这些甜叶菊甜味剂使用赤藓糖醇代替葡萄糖作为填料，这是个好主意，因为赤藓糖醇中所含的热量要远少于葡萄糖中所含的热量，并且它不会影响血糖，这两者相结合看起来是一个很理想的糖的代用品。在很多情况下，它可以被超重者、糖尿病患者或超重的糖尿病患者用作糖的代用品。但它不能被标注为"全天然"。甜菊糖苷是一种直接的植物提取物；而赤藓糖醇是人为控制下由玉米发酵合成的，这足以被一些人认为不是"天然的"。

罗汉果

一种结构复杂的、有多个环结构的、植物来源的化合物是罗汉果苷，其分为以下几种形式（在这里的图示为 5 号）。

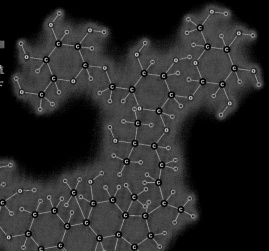

该化合物与中国传统医学有着紧密的联系，于是便产生了这样一个基于罗汉果苷的甜味剂标签。

可以提取出罗汉果苷的果实被称为"僧侣之果"，或用它的中国名字：罗汉果。

混合罗汉果苷的甜度是蔗糖的约 300 倍，可以与最强的合成甜味剂相比。据称，该原料提取物粉末只含有约 7% 的罗汉果苷，但仍比蔗糖甜了很多倍。其他 93% 的物质是什么？在没有详细的化学分析的情况下很难说清楚。

合着用比单独用要好

除 了糖，基本上所有的甜味剂都被大多数人判定为劣质口味。这是否是生理或心理上的原因不太好说。（举个例子，10多年来，我一直在努力让自己喜欢无糖汽水的味道，但只取得了一点成功。我采取的措施包括绝对不饮用含有真正的糖分的东西，所以我不会提醒自己错过了什么。）

　　制造商已经发现，改善人造甜味剂味道的一种方法是将其中几种甜味剂混合在一起。通常，一种甜味剂的异味、余味或缓慢作用的味道，可通过另一种甜味剂的特性来调节。

全品类的小型超浓缩香精是可能存在的，只因为甜糖分子的强效。（这些瓶子都不到10厘米高。）如果用蔗糖作为甜味剂，一小瓶的蔗糖只能制作一两瓶饮料，但实际上，这些小小的瓶子里含有足够的香味和甜味，可以使几加仑（一美制加仑约合3.78升）的水变甜。每个小瓶里都含有特定组合的天然甜味剂和人造甜味剂。

三氯蔗糖、乙酸异丁酸蔗糖酯　　蔗糖、甜叶菊提取物　　赤藓糖醇、甜叶菊提取物　　罗汉果提取物

　　这包甜味剂含有阿斯巴甜和安赛蜜。像其他甜味剂一样，其中大部分原料是葡萄糖，被标成"零热量"，只是因为它的热量低于21焦耳。

咖啡因、三氯蔗糖、安赛蜜、乙酸异丁酸蔗糖酯

　　大量的糖替代品在食品店被出售，其中包含几乎所有你可以叫出名字的天然甜味剂和人工合成甜味剂的混合物，这是很惊人的。例如，这是一种混合了食糖（蔗糖）、赤藓糖醇和甜菊糖苷的甜味剂。

三氯蔗糖、安赛蜜

▷ 在焙烤食品中加入糖替代品成了一种特殊的挑战，能够承受长时间高温的物质才可以使用，这大大限制了人们的选择范围。

▽ 异麦芽糖醇、山梨糖醇、安赛蜜、三氯蔗糖

▷ 麦芽糖醇、乳糖醇、山梨糖醇、安赛蜜、三氯蔗糖

天然的和人造的

在上一章，我们了解了天然甜味剂和人造甜味剂。有关糖精和阿斯巴甜这类化合物是一个敏感的话题。很多人不相信它们，虽然其中最流行的几种已经过了科学的、法规的以及公众舆论的考验。但是，天然植物提取物，如甜叶菊，就经常搭顺风车。人们往往认为它们肯定是无害的（除非得到反面的例证），它们被监管机构审查得相当少。

你可能会认为，鉴于我对化学物质普遍积极的态度，我会迫不及待地尝试新的合成甜味剂。实际上不是这样。尽管政府和相关行业倾尽全力（有时是马虎或糟糕的努力）测试化合物的安全性，但是新分子微妙的问题还是可能会在多年之后，经数以百万计的人测试后才出现。我倾向于认为最好在几十年里就能发现这些问题。

但我也不会随意吃在森林中找到的蘑菇，或使用从狡猾的、打着"有机"招牌的天然食品供货商那里得到的草药补充剂。那些让新发现的合成化合物变得稍微可怕的东西，在奇怪的蘑菇或不受监管的补充剂中一样存在：这一切都源于不确定性。没有任何证据表明合成的化合物就比天然化合物更危险。

当然，也有在实验室中被制造出来的不健康化合物，但如果你想找到有毒的物质，放眼自然世界！植物会特意花费很多时间合成化合物，这种化合物能够使试图吃它们的动物死亡或者给它们造成严重的行动不便（或使其不能运动，植物又比化学武器有更多的选项）。

分子不知道自己来自哪里。它们不知道自己是天然的还是人造的，是善还是恶，是健康或有毒。它们只是分子——无论它们是在实验室中被制备出来的，还是在海螺的毒腺"工厂"里或草药的叶子中合成出来的。

◁ 发酵的香荚兰豆提取物是天然香草精的来源，其主要成分香兰素，不能从它的合成方式中区分出来。

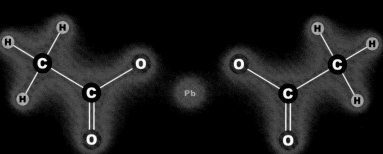

△ 醋酸铅为乙酸（醋酸）的铅盐

◣ 不要误会我的意思，某些人工甜味剂肯定是有毒的！"铅糖"是醋酸铅在炼金术中的名字。它作为一种人工甜味剂，早在大约 2000 年前的罗马帝国时期就开始使用了。铅是一种危险的物质，长期累积的毒素具有神经毒性（即使吃少量的铅，经过一段时间它也能让你变笨）。数百年来，没有人注意到它。因为相比于找出真正的原因，归咎于巫师或魔鬼的疯狂要容易得多。

▷ 尽管使用醋酸铅存在问题（它是一种重金属毒物），但即便在今天，它的使用仍然是合法而常见的。对于那些希望隐藏自己花白头发的人来说，它可以在渐进染发剂配方中使用。铅是一种颜料；它能永久地嵌入头发纤维中。我觉得这是一个非常糟糕的主意，因为人类还没有发现哪一个铅暴露的剂量值是完全无害的。我不会用这个东西，纯粹是因为它含有铅（当然，我的意思是，哪怕我真的需要用染发剂，我也不会用它）。

▽ 某些毒物，如醋酸铅，是有潜伏期的。它们潜入人体中，在被发觉之前可以杀死大量的人。不像毒气，只需要微量就够了。它们已经杀死了上百万的人，但是这就是使用它们的目的，而不是因为没有人注意到它们。

△ 2013 年，一项调查发现，在美国销售的草药补充剂中，其中 68% 的产品含有在它们的标签上没有列出的植物（即，制造者们在标签上增加了一些实为杂草的花哨的东西）；令人震惊的是，有 32% 的产品根本不含有标签上列出的成分。当然，人造食品添加剂的制造商本质上也不会更加诚信，但至少在理论上，人造食品添加剂受到了监管和检查，而天然食品和草药补充剂是完全不受监管的，没有人检查任何这方面的产品。（例如，为了拍摄这张照片，我从院子里随机收集了一些干树叶，并把它们装在一个胶囊中。换句话说，我确实做到了和 1/3 的美国草药补充剂制造厂商相同的事情。）

△ 醋酸铅是一种慢性毒药，其他人工合成的化合物则快得多。神经毒剂 VX 只需几乎看不见的量就足以致命，是已知最毒的化学合成品。然而，在已知最毒的物质列表中，它仅排在遥远的第 4 位。最毒物质比赛的金、银、铜牌获得者将在下两页中介绍。它们是肉毒毒素、刺尾鱼毒素和箭毒蛙毒素，而它们都是天然化合物，不是人工色素，也不是香料或添加剂。

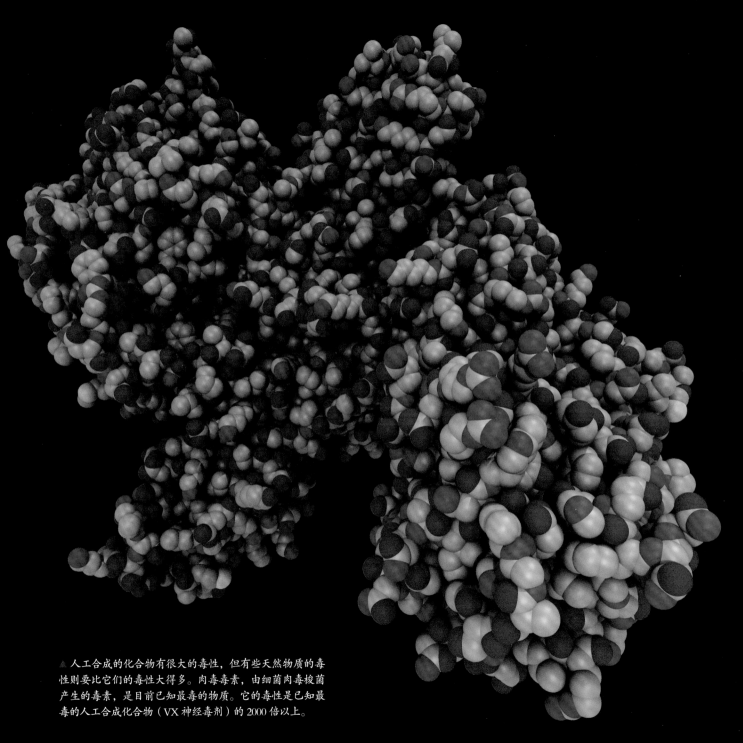

人工合成的化合物有很大的毒性，但有些天然物质的毒性则要比它们的毒性大得多。肉毒毒素，由细菌肉毒梭菌产生的毒素，是目前已知最毒的物质。它的毒性是已知最毒的人工合成化合物（VX 神经毒剂）的 2000 倍以上。

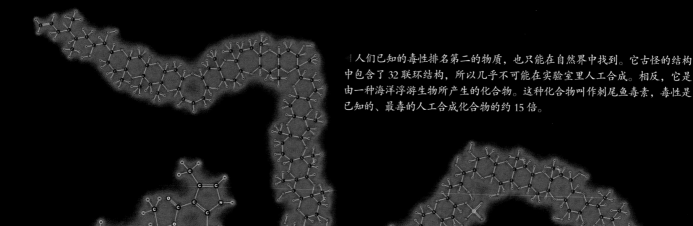

人们已知的毒性排名第二的物质，也只能在自然界中找到。它古怪的结构中包含了 32 联环结构，所以几乎不可能在实验室里人工合成。相反，它是由一种海洋浮游生物所产生的化合物。这种化合物叫作剌尾鱼毒素，毒性是已知的、最毒的人工合成化合物的约 15 倍。

甘草酸苷没有肉毒杆菌或 VX 神经毒剂那样可怕的毒性，但它的毒性也绝对是很大的。每天给老鼠饲喂的量，如果达到相当于人类每天服用 2 克的水平的话，不到一个月的时间，就会给老鼠的心脏和肾脏造成不可逆转的损伤。

毒性排名第三的已知物质还是一种天然产物，它是一种和人们已知最毒的人工合成化合物毒性相当的物质。箭毒蛙毒素是箭毒蛙在皮肤上使用的毒。（我说的是使用，而不是合成，因为青蛙本身不合成这种化合物。有一种观点认为它们通过捕食特定种类的甲虫可以产生这种毒素，如果人工饲养箭毒蛙，它不会有毒。）

甘草甜素是在甘草植物的根中被发现的。另一种植物，檫树的根（根汁汽水的味道）就有一些麻烦了，因为其中的化合物黄樟油素甚至有比甘草甜素更大的毒性。在 1960 年，檫树的粗提取物是被禁止出售的。今天在黄樟油素被去除后，它可以被自由出售，一方面是因为黄樟油素是有毒的，另一方面是因为黄樟油素恰好是合成非法毒品摇头丸的前体化学品。

甘草甜素的甜度是蔗糖的约 50 倍，它以甘草的味道而闻名。它是甘草植物根部的提取物。如果套用对合成化合物高毒性的评价标准，人体每日允许摄入的最大量是数支黑甘草。我说过你一天不能食用超过几片甘草吗？没有，我是说，如果适用于一般官方推荐的合成化合物的安全限量适用于它，那么大剂量的甘草甜素显然是有毒的。我想，你会好好吸纳这些信息的。因为这种天然提取物尚未被成功地质疑，没有任何法规对食品中甘草甜素的含量进行限制。

甘草是被标榜为"甜度特别高"的糖，这意味着它含有特别高浓度的甘草甜素。

甘草根部的甘草甜素含量相当高。像许多其他草药，它真的是一种药，有直接作用也有副作用。草药是天然的，并不能说明它就是安全的。同样，它的某种物质并不是仅因为是人工合成的，就是不安全或不健康的。该化学物对人体会产生怎样的影响，取决于它是什么样的化学物质以及我们摄入了多大的量，而不是取决于它们来自哪里或是由谁制造出来的。

▽ "红甘草"只是一个商品名，它不是真正的甘草。这种糖果中的人工草莓口味与真正的黑甘草中的甘草甜素无关，所以你想吃多少都行。

两种香草的故事

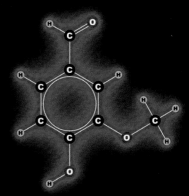

天然物质与合成物质的区别在于主体成分之外的微量成分上有趣的差异。（你可以称这些微量成分为"杂质""香气""污染"或"杂味成分"，这取决于它们是什么物质以及你对它们的态度。）

由于人工合成的化合物通常是由人们从矿物或石油中获得的前体制成的，所以你需要注意一些东西，比如铅或致癌的石油馏分，以污染物的方式混入其中。这在化学反应中也很常见，制备目标化合物时，同时也会合成多种类似的但并不需要的化合物。

反之，如果某个物质的来源是植物，你就必须注意很多由植物为了自卫而产生的有毒化合物。草率处理由此而产生的污染或土壤中的毒素污染，是一个一直存在的问题。处理天然产物的措施，例如发酵和烹调，是一种化学反应，可中和某些天然存在的有毒化合物，同时生成新的、可能不需要的化合物。

香草是研究这些差异的一个有趣案例。

这种分子被称为香草醛，化学名叫4-羟基-3-甲氧基苯甲醛，是迄今为止世界上最重要的香料添加剂。正是这同一种分子提供了天然香草香精和人造香草香精的本体。两者之间的唯一区别在于混合物中微量的化学成分（混合方式也有差异）。厨师认为各种天然的香草都有非常不同的风味，他们是对的。不过，这不是因为其中有各种不同的香草醛分子，只是由于香荚兰豆生长地点的不同，以及它们被处理过程的区别所带来的微量成分上的差异。

市售的"纯香草提取物"主要是乙醇和水的混合物。商用标准要求它至少要含35%的酒精，并需在每升液体中包含100克干燥、发酵的香荚兰豆萃取组分。这意味着你购买的液体中香草醛的浓度只有原豆荚中的10%或更低，香草醛的含量比干燥的萃取物粉末少得多。混合物中大约0.2%的物质是主要风味组分香草醛。

天然香草提取物

▶ 葡萄糖分子与香草醛分子键合形成的葡萄糖香草醛是香草醛在绿色的、未发酵的香荚兰豆中的存在形式。豆类发酵（即一系列由人工干预，但被认为是天然方法的化学反应）可以让酶把这两种物质分解开，以释放出香草醛。

◀ 香荚兰豆，生长于马达加斯加和其他一些我想去的地方，是天然香草风味的来源。该豆荚最初是绿色的，但经受几个星期的阳光和雨水（如果我在马达加斯加，这是我所期望的）交替变化后，它们的颜色就变深了（因为如果我在马达加斯加，几个星期内经受阳光和雨水的交替变化，我也会这样）。

▶ 经碾碎发酵后的香荚兰豆中约含有2%的香草醛。我们可以用乙醇和水的混合物从这样的粉末中萃取出香草醛，并且至少带有上百种其他的微量成分。

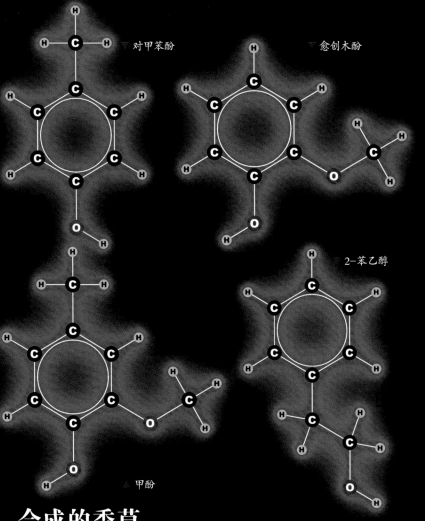

对甲苯酚

愈创木酚

甲酚

2-苯乙醇

4-羟基苯甲醛

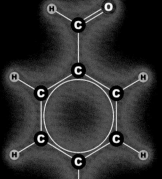

如果没有香草醛，就没有香草的基本味道；而如果没有这些微量的成分，就没有天然香草提取物全面而丰富的味道。发酵的香荚兰豆中含有200多种奇特的分子，其中少数的几种分子产生了大部分额外的风味，它们大部分是简单的取代的苯环，与香草醛本身很相似。

合成的香草

在20世纪30年代，人们开发出一种实用的工艺，主要是用加工木浆纸所剩下来的木质素合成香兰素，这导致全球香草的价格突然大幅度下跌。

如今，大多数合成香兰素是由从石油或煤炭中提取的化合物制成的。这其实是一个很有趣的方式，可以分辨出合成香草是否被冒充为天然产品（对于一般公司而言，这是很有诱惑力的，因为天然产品的售价比较高，并且不能用任何化学测试方法对两者进行区分）。你可以看到，天然香草提取物是有放射性的，而人工合成的香草是没有的。这听起来令人惊讶，但它一定是这样：来源于活植物的所有物质都含有放射性物质碳-14，并且比率大致相同，约为万亿分之一。碳-14来自植物从大气中吸收的二氧化碳。随着时间的推移，碳-14会衰变成非放射性物质（这是测定碳-14年份的基础）。原油和煤炭是非常非常古老的，它们没有碳-14的放射性，并且它们的任何衍生物中也没有。

合成的香草

合成香草调味剂也被称为仿香草，在化学上等同于天然香草，只要主要成分是香草醛即可。在一些国家，法规允许的食品添加剂为"等同于自然"，而不是"模仿"，这有很大的意义，因为这让懂化学的人知道，他们得到的真实的东西其实就是在工厂里被制造出来的。在美国，你必须阅读产品成分标签，明白"模仿"这个词并不意味着"去模仿"，而是通过化学反应，人工合成了你所寻找的那种物质。

天然香草很昂贵，因为它需要授粉和手工收获。但人工合成的香草却很便宜，每千克只需约10美元。1美元的合成香草醛足以制备约50升你在商店里买到的那种"香草提取物"！合成香兰素比天然香兰素含有更少的偶然成分，虽然没有复杂的风味，但是更易于预测。而这是好事还是坏事，就取决于你的目的了。你在家做饭时，加入天然香草提取物，可以快速简便地给你的食物添加大量不同的化学物质，如果你喜欢这些化学品的味道的话（很多人这样做），那就很棒。例如，我做液氮冰激凌的时候使用天然香草。但是，如果你正在做一种商业食品，有严格的口味控制，你可能更愿意使用合成香兰素，不仅是因为它便宜，还因为如果你想要一种特定的辅助味道，你会单独添加某种辅配料需要的量，而不是依赖于一个相当随机的自然混合物。不同批次产品的味道可能都会有所差异。天然香草的富于变化的风味对于大厨来说是他们所期望的，但是对于工厂里的食品工程师来说就是麻烦事了。

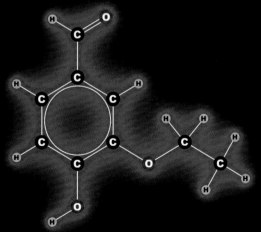

乙基香兰素与香兰素一样，除了最右边的单碳（甲基）基团被二碳（乙基）基团置换。它是人工合成香兰素时产生的一种意外产物。从这个意义上讲，合成香兰素的污染物是不存在于天然香草中的。但是，像一些天然香草的"杂质"一样，实际上它的味道很不错。

乙基香草醛的味道很像普通香草醛，但它的味道强烈程度是香兰素的2～3倍，而且有些人比较喜欢它的味道。它不会自然生成，但在一些合成的香草醛中，会有微量的乙基香草醛。它也可以以纯品的形式单独出售，在商业食品中可作为平衡和调节香草味道的一种物质，以替代使用更昂贵、更不可调控的天然香草提取物。我花了60美元买了一千克乙基香草醛，因为这是作为纯粉销售的最小包装。这样一来，现在整个工作室都充满了香草气味，可能永远持续，或至少保持到我们抽出时间拍摄我的大量尿样（参见第196页）。

设计出来的食品

　　一些带包装食品的配料表长得有些令人惊讶。为什么生产商需要把这么多不同的化学物质加进我们的食物里？但真正的问题不是为什么这些名单都这么长，而是为什么这么短。

　　就整体而言，未经加工的天然食品的成分表应当更长，你没看到这些成分，是因为没有法规要求生产商列出天然食品中所含的化学物质。苹果派只列出了"苹果"这种成分，而不是组成苹果的约200种化学物质。

　　经过人工加工的食品，其成分表很长，人们自然不会把所有的成分放在一起，就像一个苹果那样。苹果中的几乎每一种化学物质都对其自身有着独特的作用。比如，糖分可以诱惑吸引动物以之为食，因而可以运送种子；纤维素可以使苹果紧密地连在一起；酸和有毒化学品可以抵御昆虫和霉菌；染料和香料可以告诉那些能够运输种子的动物和鸟类"这个苹果很美味哟"！

　　当食品设计师研发一种人造食品时，其添加化学物质的动机与苹果是类似的：糖用于调味和营养；淀粉、纤维素或蛋白质用于使食物聚合，并赋予它结构、光泽或者口感；有毒性的化合物用于抵御霉菌；染料和香料用于吸引顾客。

　　你可以这样理解：加工食品在整个环节中都比天然食品更加健康，因为生产商制造它们的目的就是为了供人食用，除了唯一的例外——母乳。大自然让我们吃的所有食物都不是按照我们的意愿而产生的，只有其中一小部分的植物是可以食用的！（这是真的，水果想在被吃掉的同时有另一个目的：让你运送它的种子，而你长期的健康并不是它们关注的问题。）

　　不幸的是，食品工程师的大部分时间花在了如何使食物卖得更好、口感更好上，而不是如何对你更好上。不过也有例外，而且随着时间的推移，人们已经认识到现代西方饮食有多么不健康，实际上非天然的食品反而更好一点。

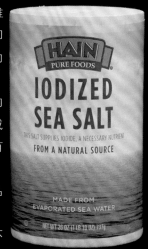

　　▷ 几乎所有的牛奶中都被加入了维生素D，出于同样的原因，人们在食盐中人为添加了碘：这是很好的公共卫生政策。维生素D缺乏曾经是在儿童中常见并且令人震惊的事情，而今天几乎完全绝迹，这就是强化牛奶的功劳。

◁ 水，纤维素，糖，噻吩，噻唑，香兰素，海门冬酸，槲皮素，芸香苷，全丝桃苷，薯蓣皂苷元，槲皮素-3-葡萄糖苷酸，天门冬酰胺，精氨酸，酪氨酸，山奈，菠萝皂苷元，天东宁I-IV，海门冬衍生物A-I，蔗糖-1，果糖基转移酶，螺甾苷，1-甲氧基-4-{5-（4-甲氧基苯氧基）-3-戊烯-1-炔基}苯，4-{5-（4-甲氧基苯氧基）-3-戊烯-1-炔基}-苯酚，辣椒红色素，辣椒玉红素，辣椒红色素-5，6-环氧化物，3-O-[α-L-吡喃鼠李糖-（1→2）-α-L-吡喃鼠李糖（1→4）-β-D-吡喃葡萄糖基]-（25S）-薯蓣皂素-5-烯-3β-醇，2-羟基天东宁-4，反-2-羟基-1-甲氧基-4-5（4-甲氧基苯氧基）-3-戊烯-1-乙烯基苯，阿德森丁A，阿德森丁B，天东宁A-C，革盖蕈素G，桦松脂醇，1，3-O-二阿魏酰甘油，1，2-O-二阿魏酰甘油，亚油酸，布鲁门醇C，海门冬酸氧化甲基酯，2-羟基海门冬，海门冬，海门冬醇，单棕榈酸甘油，阿魏酸，1，3-O-二对香豆酸甘油，1-O-阿魏酸酯-3-O-对香豆酰甘油，菊粉，龙须菜素I和II，β-谷甾醇，二羟基海门冬酸，S-乙酰二羟基海门冬酸，α-氨基二甲基-γ-丁基噻亭，琥珀酸，糖大豆苷元，对羟基苯甲酸，对香豆酸，龙胆酸，海门冬脱氢酶I和II，硫辛酰脱氢酶

◁ 把天然食物重新设计，以对人更有益处，碘盐就是这样一个早期的案例，取得了近乎普遍的成功。为了健康，人类需要从饮食中摄入一定量的碘。在许多地方，人们通过普通食物中含有的碘而获得碘。但在有些地方，食物中的天然含碘量非常低，人们通过正常的饮食可能不足以摄入足量的碘。因此，人们决定在盐中加入少量的碘，这是一个好主意。碘盐成为了天然的碘的携带者，并提供这种营养素。人们广泛实施这样的方法，实际上已经消除了曾经由碘缺乏引起的疾病。

设计出来的食品

在长长的食物配料表中加入其他物质，估计人们能够容忍的就是维生素了。不管你有多么不喜欢化学制品，你不能生活在没有这些特定化学制品的世界里。在这个阵列中，你可以看到大约 2 克的纯维生素（除维生素 B12，我只拿到 1 克的纯品，因为它太贵了）。接下来的每个图表明相当惊人的数字：如果你按照官方推荐的每日所需量来摄入，2 克这种维生素够吃多久？它的范围，从够吃 22 天的维生素 C，到可够吃高达 2280 年的维生素 B12。人体每日需要摄入的维生素 B12 仅仅是 2.4 微克的量，约一粒灰尘那么重。而之所以只需要这微小的量，是因为它经常起到催化作用：它与体内的酶一样，可使一种化学物质变成另一种化学物质，自身却不被消耗。所以，即使你只是偶尔补充点维生素，你身体中维生素的供给也可以持续很长时间，而且是足够的。

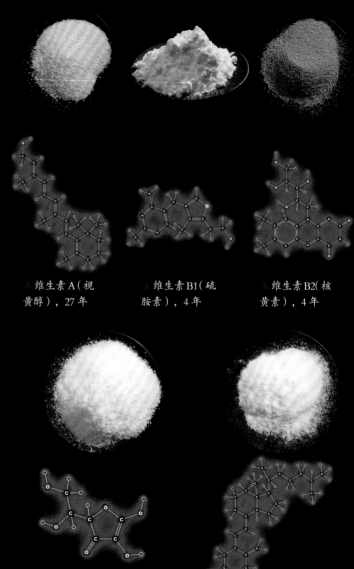

△ 维生素 A（视黄醇），27 年

△ 维生素 B1（硫胺素），4 年

△ 维生素 B2（核黄素），4 年

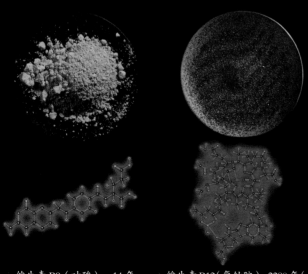

△ 维生素 B9（叶酸），14 年

△ 维生素 B12（氰钴胺），2280 年（如果这是 2 克，实际上它是 1 克）

△ 维生素 C（抗坏血酸），22 天

△ 维生素 D3（胆钙化醇），548 年

△ 维生素 B3（烟酸），4 个月

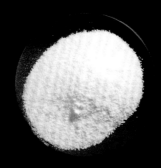

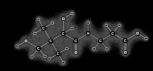

△ 维生素 B5（泛酸），1 年

△ 维生素 B6（吡哆醇），3 年

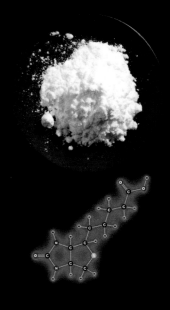

△ 维生素 B7（生物素），183 年

▶ 这里有一个有趣的问题：假设你用合成化学品喂一只鸡，导致它下的鸡蛋带有特别亮的黄色的蛋黄，然后你使用这些蛋黄给一种加工食品上色，因为它只包含蛋类等自然的东西，你就可以把这种食物标记为"全天然"吗？这只是一个假设性的问题。一般的成分添加到鸡饲料中，使蛋黄看起来有额外的黄色，用的是天然金盏花提取物。但如果它是人工合成的，像许多用在动物饲料中的化学物质，那又怎么说呢？

▶ 使用万寿菊花提取物时，它不仅能将鸡蛋的蛋黄染成壳黄色，也能让热带鸟类的主人将他的整只鸟染成黄色（或至少可以强化它们天然的黄色），不是通过绘制，当然了，是通过喂养它们。如果你吃了它们，颜料和所有的东西也会进入到你的体内。

▶ 黄体素是金盏花提取物显黄色的主要来源。

▽ 我的女儿艾玛一直在养鸡。你能告诉我们喂它们的饲料中是否含有金盏花提取物吗？

△ 维生素 E（生育酚），4 个月　△ 维生素 K（叶绿醌），46 年

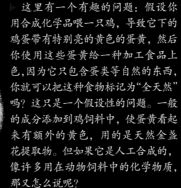

玫瑰和臭鼬

第11章

气味就是一些像信使一样的分子。它们进入鼻腔，花上一点时间与嗅觉受体结合，然后被下一次呼吸冲刷下来。虽然一些东西对嗅觉器官没有什么特殊的作用，但还是有很多气味为传递一些特殊的信息而存在。

所有的气味分子背后都有一个普遍事实：它们一定相当小并且简单。为什么？因为一个分子要成为气味，它就必须能进入你的鼻腔，而为了能进入你的鼻腔，它就一定是可挥发的。普遍规律是，分子越大，沸点越高，温度低于沸点时挥发量就越小。

在这样受约束的条件下，仍然存在着大量有趣的分子。

◁ 薄荷醇可以"通鼻"。它是一种可挥发的植物提取物，但在室温下又会形成美丽的大块晶体。

▷ 香水业的起源可追溯到几千年之前，那时由于个人卫生条件有限，香水比现在重要得多。酒和香水制造商用同一套滑稽的语言来描述它们的口味与气味——许多"果香调"和类似的词汇。但是这些美丽的瓶子归根结底还是几十种挥发性化合物的组合，并且它们中的大多数是酯类。

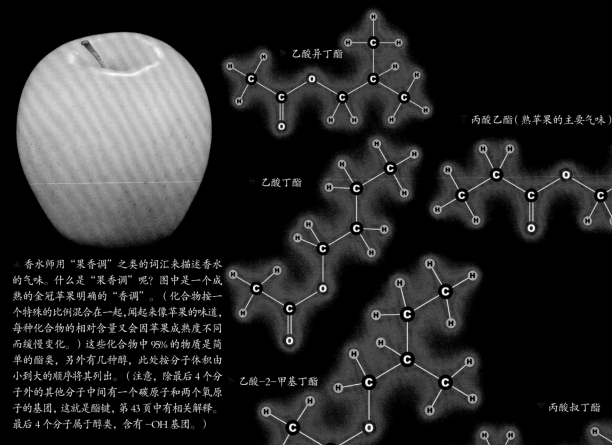

乙酸异丁酯

丙酸乙酯（熟苹果的主要气味）

乙酸丁酯

乙酸-2-甲基丁酯

丙酸叔丁酯

香水师用"果香调"之类的词汇来描述香水的气味。什么是"果香调"呢？图中是一个成熟的金冠苹果明确的"香调"。（化合物按一个特殊的比例混合在一起，闻起来像苹果的味道，每种化合物的相对含量又会因苹果成熟度不同而缓慢变化。）这些化合物中95%的物质是简单的酯类，另外有几种醇，此处按分子体积由小到大的顺序将其列出。（注意，除最后4个分子外的其他分子中间有一个碳原子和两个氧原子的基团，这就是酯键，第43页中有相关解释。最后4个分子属于醇类，含有–OH基团。）

乙酸乙酯

乙酸戊酯

乙酸丙酯

乙酸己酯

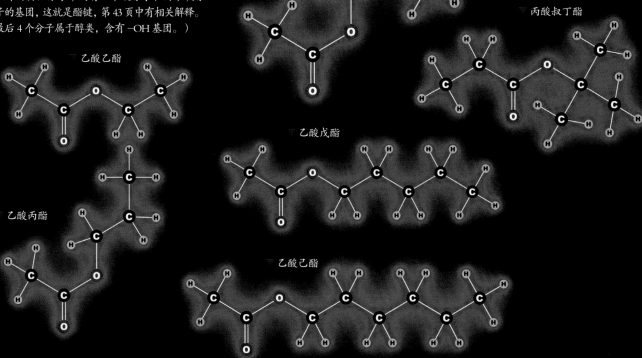

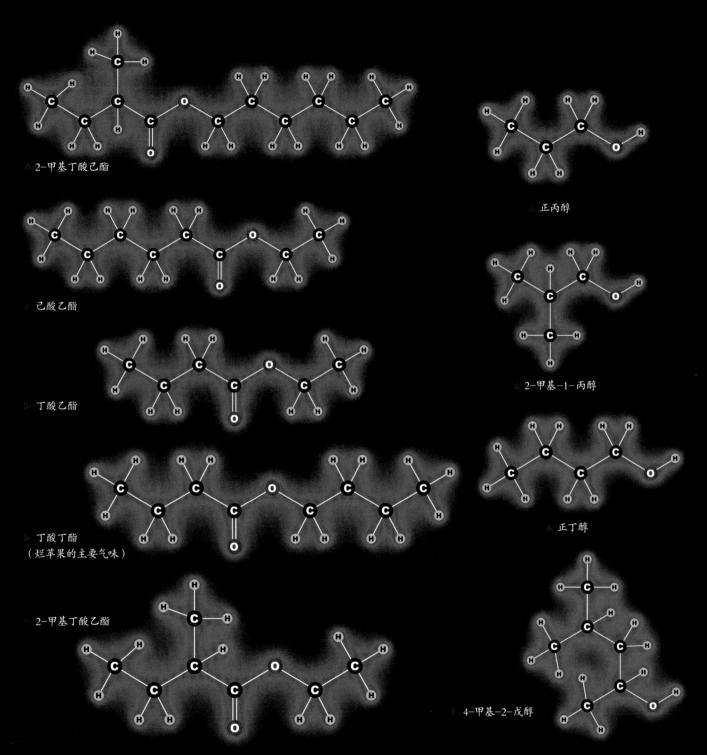

△ 2-甲基丁酸己酯

△ 己酸乙酯

▷ 丁酸乙酯

▷ 丁酸丁酯
（烂苹果的主要气味）

▷ 2-甲基丁酸乙酯

△ 正丙醇

△ 2-甲基-1-丙醇

△ 正丁醇

▷ 4-甲基-2-戊醇

我们在这里还是诚实些吧：90%的香水都与吸引力相关。香水业让人类的激素（用于吸引伴侣的气味）显得很没用，因为香水被宣传得太夸张了。尽管如此，事实真相是，就像其他动物甚至植物一样，人类的确以气味分子相互识别。尽管你可能在闻到某些人身上过重的香水味时，需装聋作哑得像个土豆，但香水之美就在于无论你有多聪明，有时候就是会让你笨得像土豆一样。

激素工业充满着各种可疑的宣传。这件商品被宣称其中富含雄甾二烯酮和几种相关化合物，有迹象显示这些化合物可能和人与人之间相互的吸引力有关。

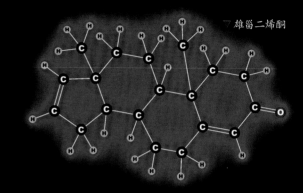

▽ 雄甾二烯酮

对昆虫来说，激素绝对控制着它们的生活。蚕蛾使用的这种强有力的信息素叫作"桑蚕醇"，是一个带有长烃链的醇。一丁点桑蚕醇就可以把蚕蛾从数百米之外吸引过来。（好吧，我承认，这里本应该放一只蚕蛾来代表桑蚕醇，但其实放的是一只乌柏大蚕蛾，其体形名副其实地大，这张图片接近它的实际大小。）

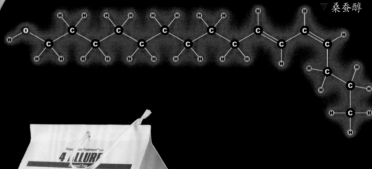

▽ 桑蚕醇

人们可以（至少有时候可以）抵御冲动，而不会被伴侣潜在的有诱惑力的气味引入危险之中。昆虫的聪明劲儿比人差一点，无法抵御这种诱惑，这使以昆虫信息素做诱饵来诱捕昆虫的方法十分流行——骗的就是你！

THE FEMALE GIANT ATLAS MOTH

＞蚂蚁以一系列碳原子数目在23到31之间的直链烃作为它们的气味标志。一个群体的蚂蚁会在它们的领地留下由这些分子组成的独特的气味，这样它们在外出觅食后才能返回巢穴。蚂蚁那小小的大脑中没有足够的神经元来怀念任何东西，但是如果它们思乡，那这些化合物就代表了家的舒适。就像我们回到一个熟悉安全的地方时，其他更复杂多样的分子让我们的内心产生了舒适、安全的感觉一样。对于蚂蚁来说，这些分子就是家的味道。

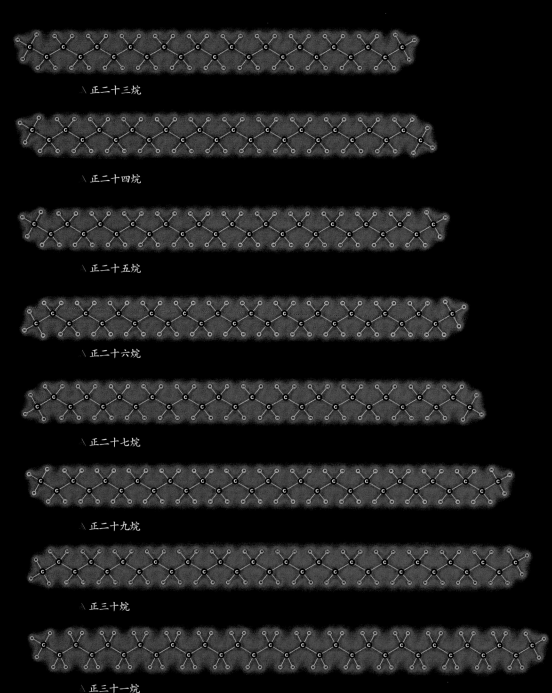

＼正二十三烷

＼正二十四烷

＼正二十五烷

＼正二十六烷

＼正二十七烷

＼正二十九烷

＼正三十烷

＼正三十一烷

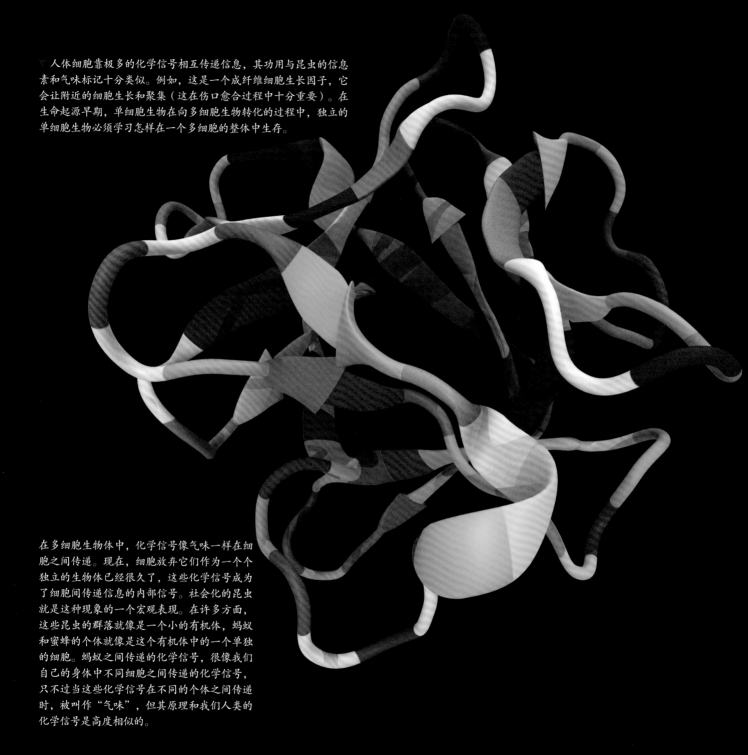

人体细胞靠极多的化学信号相互传递信息，其功用与昆虫的信息素和气味标记十分类似。例如，这是一个成纤维细胞生长因子，它会让附近的细胞生长和聚集（这在伤口愈合过程中十分重要）。在生命起源早期，单细胞生物在向多细胞生物转化的过程中，独立的单细胞生物必须学习怎样在一个多细胞的整体中生存。

在多细胞生物体中，化学信号像气味一样在细胞之间传递。现在，细胞放弃它们作为一个个独立的生物体已经很久了，这些化学信号成为了细胞间传递信息的内部信号。社会化的昆虫就是这种现象的一个宏观表现。在许多方面，这些昆虫的群落就像是一个小的有机体，蚂蚁和蜜蜂的个体就像是这个有机体中的一个单独的细胞。蚂蚁之间传递的化学信号，很像我们自己的身体中不同细胞之间传递的化学信号，只不过当这些化学信号在不同的个体之间传递时，被叫作"气味"，但其原理和我们人类的化学信号是高度相似的。

▶ 香水、香薰蜡烛、线香和其他许多好闻的物体的香味都来自于"挥发油"。挥发油萃取自花、种子、树叶、香草和其他含有多种挥发性有机化合物的物质。例如，没药烯是佛手柑、姜和柠檬精油香气的一部分，桉油精则是薰衣草、薄荷和桉树香气的一部分。萃取时，将花或其他芳香原料浸渍在几种溶剂的混合物中（通常含有酒精），使其中的可溶性成分浸出，然后蒸馏或蒸发除去溶剂，得到人们想要的分子浓缩液——挥发油。以相同工艺反复提取的精油中的成分与此一样，只在组成上略有差异。

▽ 植物萃取物的蒸馏是一种精妙的艺术，可以作为一种爱好，用这样一套蒸馏装置来完成。蒸馏过程中控制蒸发和凝结阶段，就可以从混合物中将沸点不同的组分分离出来。由于香气分子一定是可挥发的，所以用这种方法往往就能把它们单独地分离出来。

▽ 樟脑是薰衣草精油和迷迭香精油的组分之一。

▽ 像樟脑一样，桉树脑也是一种双环化合物，它结构中的细微差异使它在室温时呈液态，但它在通鼻时和樟脑一样好用。

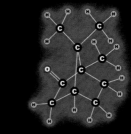
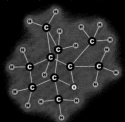

▷ 桉油精与樟脑结构相似，存在于薰衣草、薄荷以及桉叶油中。

▶ 没药烯存在于佛手柑、姜、柠檬油中，对三者香气的产生都有贡献。每种特定的挥发油都由十几种或更多有类似性质的化合物组成。有些化合物是某种挥发油特有的，有些则出现在多种挥发油中。

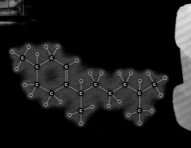

▽ 挥发油通常含有一些易挥发的香气分子，剩余的是不挥发的油或者难挥发的油，其中的主要成分同样可以纯物质的形式存在。比如说，樟脑是一种气味很大的固体，通鼻效果无人能敌（因而被用在感冒药中），这些樟脑球会缓缓升华，一两个月之后就消失得无影无踪。

▷ 薄荷脑是薄荷和留兰香精油中的成分，也被用在薄荷味香烟中。

▷ 纯薄荷脑晶体可长达数英寸（1 英寸 =2.54 厘米），且具有特殊的浓烈薄荷气味。它令人相当愉悦，这是很不寻常的，因为像它这样大的单晶往往没有任何气味。

▷ 百里香酚给百里香带来了特异性的香气。

▷ 这些块状物闻起来有很强的芳香植物味道。不必奇怪，因为它们是百里香酚，正是百里香这种芳香植物的精华——经萃取、蒸馏、结晶而成。

▽ 从定义上来说，气味分子就必须要小，这样才足以挥发被鼻子闻到。举一个极端的例子，42 个原子组成了一个大的不同寻常的环状结构。[大多数有机环含有 6 个原子，也有一些环含有 5 个或 7 个原子，但很少有环上的原子数目比这个多或少（也即比 7 个多，比 5 个少）。这个分子却用了 17 个原子成环。] 气味专家们描述它为"极好的定香剂，具有高度持久性，并且能以独特的方式提升香水的前调"（奇华顿，香精香料供应商），但我还是不知道这种物质闻起来是什么味道。

▷ 龙涎香醇，一种复杂的醇，被香水工业人士称为所有香料中最美妙而昂贵的物质。它是龙涎香这种稀有之物主要的气味成分。

△ 龙涎香醇提取自抹香鲸的呕吐物（也就是龙涎香）。这种昂贵的香料在我闻起来实在不怎么样，但一旦它与其他珍贵的香料配合起来，气味明显就变得美妙无比了。许多最著名的经典香料中都包含龙涎香醇。

▽ 龙涎香是抹香鲸的胃中产生的一种蜡状物质，可能用于避免鱿鱼的喙状嘴（参见第 120 页）之类尖锐物体的损伤。品质最高的龙涎香是经抹香鲸排出（可能是从鲸的前端，也可能是从鲸的后端）后又在海上漂浮了数年的。龙涎香偶尔会被冲到岸上，被人拾起后能以每 0.45 千克几万美元的价格卖给香水公司（这 1 克就花了我 150 美元）。这听起来好像天方夜谭，但确实是千真万确。

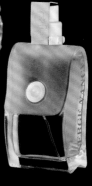

▷ 香水业人士感兴趣的物质可不仅是鲸鱼排出来的那黏糊糊的东西，他们也把目光瞄准了海狸的屁股——就是海狸肛门腺产生的海狸香。这些小动物用海狸香来标记领地。

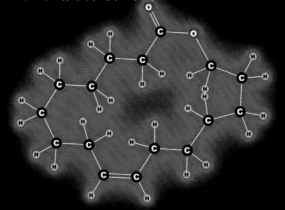

很多动物把自己的尿液当作香水——我的意思是说，它们用尿液的目的和人类用香水的目的一样，来表示自己可被追求或兴趣所在，以影响其他动物的行为。人们有时候也对影响动物的行为感兴趣，或许可以买一大批瓶装的动物尿液试试，不过我不推荐这样做。（这东西实际上的确有效果，比如用于猎人吸引动物，把动物从花园旁边吓走，还有让圈养动物开始交配。打个比方，如果你是一个不遵守职业道德的猎人，想猎到一头雄鹿，你可以加热雌鹿的尿液来吸引目标；如果你家的花园饱受兔子的困扰，你或许可以洒些它们天敌的尿液，以此把它们吓走。）

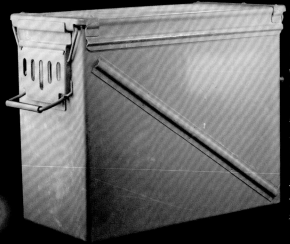

尿液的气味非常可怕，并且这股味道能从密封好了的塑料瓶子中钻出来。为了装那些动物尿液，我曾不得不从武器商店里购买带有橡胶密封垫圈的金属弹药箱。我真不敢想象给它们装瓶的工厂里会是什么气味。

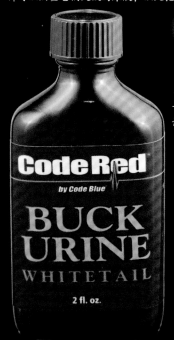

硫化氢像许多含硫化合物一样闻得可怕。详细描述的话，这是臭鸡蛋和火山的气味。

可怕的气味有时候是为实现非常重要的目的服务的。甲硫醇和乙硫醇并不像其英文名中写的那样含有汞（二者的英文名中都含有 merc– 这个组合，很像汞 mercury ——译者注）。它们实际上是有机硫化合物，并且尽力维护了本类分子散发恶臭的"声誉"。甲硫醇基本上是屁的气味。人们能闻出浓度不到百亿分之五的乙硫醇，并且不喜欢它的气味。这恰恰就是在原本无味的天然气和丙烷中添加乙硫醇的原因。正是因为乙硫醇的气味，"提示天然气泄漏"这件事才成立。如果没有乙硫醇，麻烦发生的第一个信号就是一场大爆炸。此类爆炸有时的确会发生，但往往是家里没人的时候，因为人们一旦闻到乙硫醇的臭味就会解决泄漏问题或是逃跑了。

    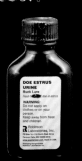   

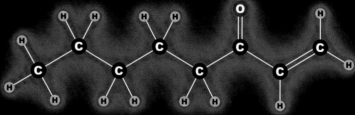

1-辛烯-3-酮散发出的气味像钱的气味。它并不是钱本身产生的，而是来自于所有曾拿过钱的人的皮肤。

臭鼬"香精"被装进密封的小瓶后，周围填上了吸味材料，再被放进一个牢固密封的罐头瓶子里。我只稍稍打开过最外层有挡味功效的容器，就再没有进一步打开。这邪恶的物质被当成狩猎用诱饵贩卖。你用它可能诱到什么我就不知道了。我觉得就算是另一只臭鼬也不会喜欢它的气味。无论如何，这气味来自有机硫化合物，它们和甲硫醇及乙硫醇类似，但硫原子上连接着更大的分子。

目前，人们还在争论吃过芦笋后尿液的气味闻起来很特别的确切原因。如果你不觉得芦笋让你的尿液闻起来很特别，是因为并不是所有人都能闻出芦笋代谢物的分解产物在非常低浓度下的气味。有人在给328个人做过测试后，确认了这个现象。

"钱的气味"（尤其是硬币）不会是钱本身产生的。金属绝对是不可挥发的，所以它的气味不会被鼻子闻出来。人们在经仔细研究之后，确定硬币和其他金属表面上这种特别有特征性的气味来自皮肤上的油脂被催化分解成的一些更小的、可挥发的化合物。有趣的是，虽然自然界中基本不存在金属单质，但动物却有分辨金属特征性气味的能力。一种理论是，血液中的铁会产生非常类似的气味。如果这是真的，那么就可以说人对钱的追求实际上是嗜血了。

化学把我变得五彩缤纷

第12章

你可能已经注意到了，本书中出现了很多的白色粉末，而我已经尽了最大努力来找一些不是白色粉末的物质来拍照。令人悲伤的事实是，几乎所有纯的有机化合物都是白色的。如果你想想如何才能让一个物体变得色彩缤纷，你就不会为此觉得奇怪了。

白光由所有颜色的光混合而成。当我们说一个化合物是彩色的时候，我们的意思是，与其他颜色的光相比，它反射了更多某种颜色的光（相对应特定波长范围的光子）。比如，如果分子主要吸收蓝光，那它看起来就是黄色的，因为在蓝光被吸收之后，有更多的黄光被反射了。

但可见光只在整个电磁波谱中占有非常小的一部分。分子可能吸收来自全电磁波谱任何一处的光子，从无线电波到 X 射线，但它的颜色只与它对不同种可见光的吸收差异有关。

这是相当不寻常的。大多数分子只吸收频率在可见光之上的紫外线。世界在我们看来五颜六色，不是因为存在着很多种不同颜色的化合物，而是因为少数化合物发挥了重要作用。具有彩色可是个技术活儿，一些特殊的分子结构在彩色化合物中不断出现，当然了，这也需要我们的眼睛进化得可以看到身边自然世界的寻常万物。

◁ 雄黄——硫化砷，是一种经典的作画颜料，但是它有一点毒性。

▽ 电磁波谱非常宽，跨越了 15 个数量级（比 1 000 000 000 000 000 还要大的倍数），从无线电波一直跨越到高能的伽马射线。只有以波长的对数值为横坐标来画整个谱图时，你才能看到可见光占据的那一小部分。我们倾向于把视线对准光谱中这一特殊部分，但分子可不是，它们可以吸收的光子范围较大，从微波（因为它微波炉才能工作）一直到 X 射线（因为它医用 X 射线才能工作）。只有原子核足够致密的分子才能吸收更高能级的能量。

▷ 我们知道，在紫外线下的花有时候看起来会特别不一样。这是因为在紫外光谱之外，蜜蜂比我们能看到其中更多的东西，花朵的颜色和斑点是为了它们而不是我们而存在的。很多有机化合物在蜜蜂能看到的紫外光区吸收光，所以虽然几乎所有的有机化合物在我们眼里都是白色的，但它们在蜜蜂眼里却是彩色的。它们是什么颜色？我们无法用语言描述。它们的名字只能被蜜蜂以舞蹈语言讲述：讲述有关飞过的路线和看过的花朵的故事。

无线电波	微波	太赫兹波	红外线	可见光	紫外线	X 射线	伽马射线

用一种德国产的分子为我涂色

最有活性、最丰富多样的染料（包括天然染料与合成染料）来自特别的有机化合物。许多有机染料惊人地强效。我有一个大概能装 15 120 000 升水的小湖，每年我都会向其中倒入含有大概 2.3 千克特殊蓝 – 绿染料混合物的溶液来控制藻类繁殖（否则湖里就会一团糟）。溶液的浓度只需要达到一亿分之十五，整个湖水就会变成可爱的水蓝色！

当一个光子与被分子束缚的电子相互作用时，会暂时地激发这个电子跃迁，这样有机分子就吸收了光。这需要能量，而光子的能量与光的颜色有关，所以电子与分子结合紧密程度的不同，会导致它们被不同颜色的光激发。红光光子能量最低，其次是绿光光子，然后是蓝光光子，最后是紫光光子，紫

光光子在可见光光子中能量最高。紫外光光子的能量甚至比紫光光子还高。X 射线的 "光子" 能量太高，我们就不再把它称为 "光" 了。

与分子结合得非常紧密的电子只能被高能量的紫外光或者 X 射线激发。大多数化合物中的大多数电子结合得就是这么紧密，这就是为什么它们看起来是白色的原因。但是分子和电子之间可以构建成任何你所期待的结合强度，包括刚刚好能够有选择地吸收一些颜色的光，而不吸收另一些颜色的光。

有一些特别常见的分子结构，电子就在恰好的连接强度上，这就诞生了染料家族。通过改变活性中心附近的原子，就能够在可见光范围内改变电子的连接强度，也就能改变颜色了。

靛蓝，一种经典的天然染料，颜色得自它那可爱、对称的结构中的 3 个双键。在中心两侧相对的氢原子和氧原子与对方不太紧密地结合在一起（所以中间没有画线）。但是，它们形成了所谓的 "氢键"，将分子保持为平面，并且 3 个双键都在相同的平面内，这样使它们之间的电子只需要最小的能量变化就能迁移，结果是分子会吸收橙光（橙光被吸收后，你就能看到剩下的靛蓝色的光）。

传统上，靛蓝来自热带地区一种叫作 "木蓝" 的植物（以及一些与它相近的物种）。由于欧洲消费者对它稀有、浓郁的蓝色的渴求，它在大航海时代是贸易的驱动力之一。在当代，木蓝叶甚至也可以直接从印度订购（通过 eBay，当然是通过飞机运输，而不是有着高高桅杆的帆船）。未经加工的树叶粉是绿色的，而且所含的并不是靛蓝，而是与之相关的靛苷。当树叶粉用水加热后，这种化合物会转变为一种无色的、可溶于水的化合物吲哚酚。接触到树叶

现在人们所使用的靛蓝几乎都是合成的。如今工厂中的靛蓝合成量和 1897 年人们从植物中提取的靛蓝一样多，那时这一市场还没有衰退。（你可能想，既然现在有更多的人口，那制造的靛蓝应该更多，但如今有更多的染料可供选择，而过去，靛蓝几乎就是蓝色的唯一选择。）19 世纪后半叶，有机化学发展的主要推动力之一就是发展靛蓝与其他新型染料的合成工业，它成功了！1897

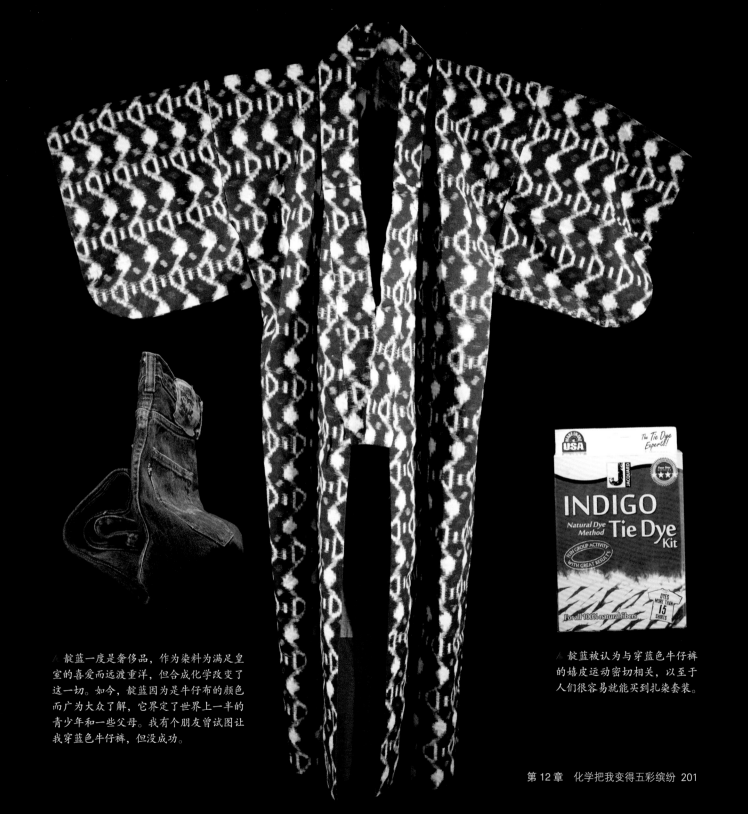

靛蓝一度是奢侈品，作为染料为满足皇室的喜爱而远渡重洋，但合成化学改变了这一切。如今，靛蓝因为是牛仔布的颜色而广为大众了解，它界定了世界上一半的青少年和一些父母。我有个朋友曾试图让我穿蓝色牛仔裤，但没成功。

靛蓝被认为与穿蓝色牛仔裤的嬉皮运动密切相关，以至于人们很容易就能买到扎染套装。

用一种德国产的分子为我涂色

苯胺紫（这种结构外加另 3 个非常相近的结构）是最早的合成有机染料。它的名字中有"苯胺"，因为苯胺是合成这些染料的起始原料。1856 年，苯胺染料偶然被发现，这极大地促进了德国有机化学的发展及科学化和工业化的大爆炸，导致德国在有机化学领域的优势延续到今天。

苯胺紫，维多利亚时代的名流们都对这种染料所带来的新颜色竞相追捧，甚至维多利亚女王本人，也就是那个时代的命名者，也把穿着这种颜色的衣服视为时尚。

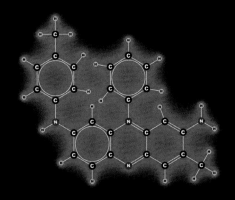

品红在苯胺紫出现之后不久被合成出来，它是另一种苯胺染料。从煤焦油中有效地提取出苯胺可以通过多种途径，进而得到大量的、不同的化学物质。

品红是弗雷德里希·恩格霍恩合成的第一种合成染料，恩格霍恩是巴斯夫公司的创始人，该公司现在已经是世界上最大的化学品公司。19 世纪 60 年代的德国之于当时的有机化学界，犹如今日的硅谷之于计算机，所以恩格霍恩在他的厨房里完成这项合成也是顺理成章了。（当时汽车还没有被发明出来，所以他没能在车库里搞发明。）虽然大家都知道品红是一种介于粉红到红色之间的染料，但干燥的品红实际上是绿色的，被溶解后才会变红。

品红在给丝绸染色时特别有用，因此在制造领带时它也就特别有用，而领带并不是实用的东西。

▷ 苯胺本身不是染料，但它是合成多种有机染料的原料。它也是巴斯夫公司名字——BASF——的来源：由 Badische Anilin- und Soda-Fabrik 德文全名的每个单词的首字母组成（Badische 原意是巴登，是德国巴登－符腾堡州的一部分；Anilin 表示这个分子；Soda 表示碳酸氢钠；Fabrik 表示工厂）。巴斯夫公司如今制造许多不同的产品，但是你可以看出 150 年前对这家公司来说，什么才是重要的！

▷ 在 15 升这种"水之影"牌液体中，染料只占其中 15% 的重量，但这就能把我湖中 15 120 000 升的水变成蓝绿色。它含有的两种混合染料所吸收的光的波长恰恰就是藻类光合作用时所需要的。所以，如果藻类浸泡在这种如上描述的蓝绿色的湖水中，其生长就被抑制了，因为它们从太阳获取能量的来源被阻断了，它们不是被毒死的。

▽ 亮蓝是个杂乱的有很多环的分子。它是给蓝色冰激凌和其他物品上色的流行食用色素，我用它给湖水染色。

△ 柠檬黄是一种典型的偶氮染料，其分子中间的氮—氮双键让它得名，也让它有此颜色。

△ "水之影"的主要成分是 133 克每升的亮蓝（羊毛罂粟蓝），商业上被称为 FD&C Blue #1，或者在欧洲被叫作 E133。另外，"水之影"含有 11 克每升的柠檬黄，也被称为 FD&C Yellow #5 或 E102。

用一种德国产的分子为我涂色

这里展示的大多数混合有机染料在被注入水中之前，都已经被高度稀释过了，否则，水很可能会马上变成黑色。

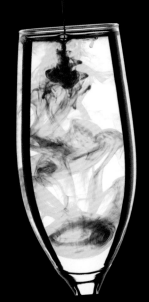

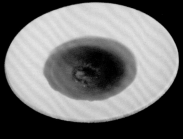

石蕊是一个混合染料随溶液酸度而变色的例子，但是非常古怪的赖夏特染料的颜色与溶剂极性相关（参见第58页）。这里，我们已经将几滴水滴进了一些酒精中。它们混合的地方存在着持续的极性梯度，因此也出现了颜色的渐变。

赖夏特染料开始时是一种带有微弱极性的分子，但当它吸收一个光子之后，一个电子迁移到了分子正电性强的位置，使分子总体的极性降低。这个步骤所需要的能量，也就是所需要的光的颜色，与分子本身所在溶剂的极性有关。我利用这一点画过一张漂亮的图，但更科学、重要的工作是利用这个分子来观察微观世界，像活细胞的哪一部分极性更强或更弱，解决诸如此类可能一开始看起来几乎无法测量的问题。赖夏特染料像一个纳米机器探测器，可以在恰恰组成细胞的分子间徘徊并测量它们的极性，用有颜色的光来反馈探测结果。

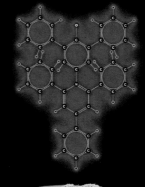

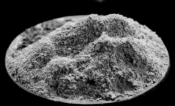

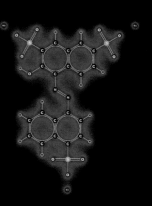

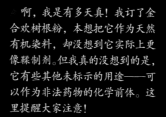

啊，我是有多天真！我订了金合欢树根粉，本想把它作为天然有机染料，却没想到它实际上更像鞣制剂。但我真的没想到的是，它有些其他未标示的用途——可以作为非法药物的化学前体。这里提醒大家注意！

苋莱红尽管有个很诗意的名字，但它却给人工食用色素的名声抹了不少黑。它顶着 Red Dye #2 的名字，在经历了许多骚动与各个方面的指责之后（至少一部分可能是真的，不过我不知道哪些指责是真的），于 1974 年被禁用了。

能食用的好色素

食用色素的名声很坏，因为它看起来像是轻佻地把潜在的有害化学物质放进了我们的食物里。1974年（在美国）禁用 Red Dye #2 之类的举措也无济于事。但事实是，许多"食用色素"的意思就是字面上的：从食物中提取的色素，然后仅仅是将其转用到了另一些食物上而已。它们可能有害，因为它们是天然的，所以在它

们最初来源的食物里也一样可能有害，人们可以预料到这一点，却从不抱怨。

其他食用色素是合成的或者是自然界中的矿物，但即使是这样，让人担忧之处也相对有限。食用色素不应当影响食物的口味，口感又是非常敏感的感觉，所以只有上色很强的色素才能作为食用色素。当你向食物中加入的物质浓度只有百万分之几时，它

可能有害，但也并不是你通常预想的那样有害。何况食物中还有许多其他成分，且含量比它要高得多，它们可能更有害，不管是合成的还是天然的。

但是，对你放进嘴巴里或者画在皮肤上的东西（对它们安全性的要求只比食物略微宽松一点）进行严格的安全性测试是十分应该的。

▷ 消费者买来用于烹饪和装饰蛋糕的食用色素是被稀释成溶液形式的（这里的稀释，我的意思是仍然很浓）。这些色素的纯净物几乎都是粉末状。

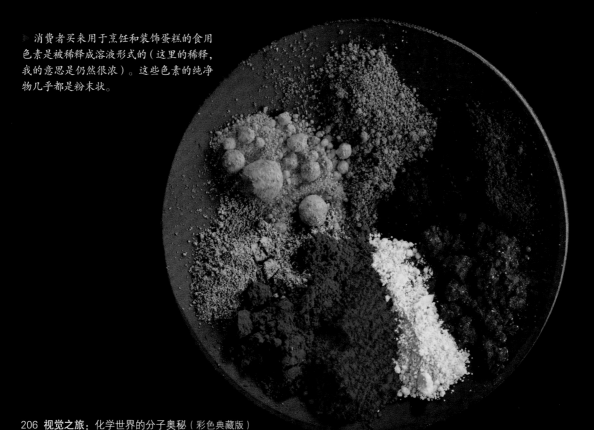

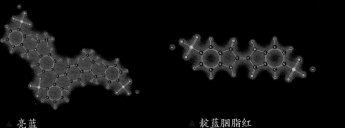

◺ 亮蓝   ◺ 靛蓝胭脂红   ◺ α–胡萝卜素   ◺ β–胡萝卜素

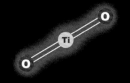

◺ 甜菜红素   ◺ 甜菜黄素   ◺ 二氧化钛

◁ 这些用在加工食品中的色素一部分是合成的，但也有很多是天然的，比如从胡萝卜或甜菜中提取到的天然色素。合成色素与天然色素的使用方法相同，使用的原因也相同。二氧化钛是个古怪的物质，它是一种完全天然的无机化合物，但人们在使用时利用的不是它的颜色，而是它不透明的特点。二氧化钛可以把任何颜色变得泛白，这一特性使它被广泛应用于食物与颜料中。

◁ 传统指甲油是溶解在丙酮中的硝化纤维素漆（这就是为什么你也可以用丙酮去除指甲油：它会溶解硝化纤维）。有趣的是，硝化纤维素的另一个名字是火棉：纯态下，一点点火棉爆炸的威力与火药爆炸一样巨大。丙酮属于溶剂中最易燃那类中的一个。你在用指甲油的时候，就是把自己的命攥在手里呢（至少从字面上说，就是攥在手里呢）！

▷ 丙烯腈单体

▷ 丙烯腈聚合物被广泛应用于油漆、胶水与光固化的甲油胶中。

◺ 化妆品中所使用色素的限制比食用色素的限制要松一点，但色素仍然需要被判定为基本无毒，因为总有那么点色素会不可避免地被人体吸收。

▷ 硝化纤维素单体

▷ 硝化纤维素聚合物

◺ 硝化纤维与纤维素（棉花与很多其他植物纤维的基本组成成分）相似，不过硝化纤维分子上有很多硝基，这使它会爆炸。

▷ 甲油胶使用了丙烯酸甲酯漆（一种丙烯酸类化合物），它被紫外线照射后会硬化，有时候使用蓝光也可以达到同样的效果。光的来源可以是沙龙里的大功率灯，也可以是家用的小LED灯。这个例子很好地说明了为什么有机染料的色牢度很难保持稳定。因为阳光中含有大量紫外线，紫外线光子的强度足以导致许多有机分子发生化学性的改变。如果分子是作为聚合物而使用，那紫外线光子将使它们结合在一起，使甲油胶变硬，这是好事；但如果是一个染料分子，光子将破坏与色彩有关的化学键，这就是件坏事了。

能食用的好色素

α- 胡萝卜素和 β- 胡萝卜素
氢化番茄红素
叶黄素

矢车菊素 -3- 葡萄糖苷
天竺葵素 -3- 氯化葡萄糖苷

矢车菊素 -3- 槐糖苷
矢车菊素 -3-（2- 葡萄糖基芸香糖苷）

叶黄素 玉米黄素
β- 隐黄素
α- 胡萝卜素和 β- 胡萝卜素

叶黄素
叶绿素 a 和叶绿素 b

β- 胡萝卜素
β 醛类

番茄红素，八氢番茄红素
β- 胡萝卜素和 ζ- 胡萝卜素

β- 胡萝卜素
ζ- 胡萝卜素

叶绿素 a 和 b，
β- 胡萝卜素，叶黄素，
紫黄素

六氢番茄红素
ζ- 胡萝卜素
β- 隐黄质
玉米黄质

仙人掌黄质

辣椒红素
β- 胡萝卜素
紫黄素
隐黄质

矢车菊素 -3- 半乳糖苷

α- 胡萝卜素和 β- 胡萝卜素，叶黄素

β- 胡萝卜素
ζ- 胡萝卜素

叶绿素 a
叶绿素 b

花青素

叶绿素 a 和 b
叶黄素
紫黄素
黄体黄质

紫黄素
玉米黄素
叶黄素
β- 隐黄素

叶黄素，β- 胡萝卜素，叶绿
素 a 和叶绿素 b，玉米黄素

β- 隐黄素
β- 胡萝卜素

番茄红素
α- 胡萝卜素
β- 胡萝卜素
β- 隐黄素

β- 胡萝卜素，番茄红素

β- 胡萝卜素，番茄红素

飞燕草素 -3- 葡萄糖苷
天竺葵素 -3 葡萄糖苷

矢车菊素 -3- 葡萄糖苷
矢车菊素 -3- 芸香糖苷

叶黄素
β- 胡萝卜素
叶绿素 a 和叶绿素 b

叶黄素
β- 胡萝卜素
矢车菊素 3-O- 丙二酰基葡萄糖苷

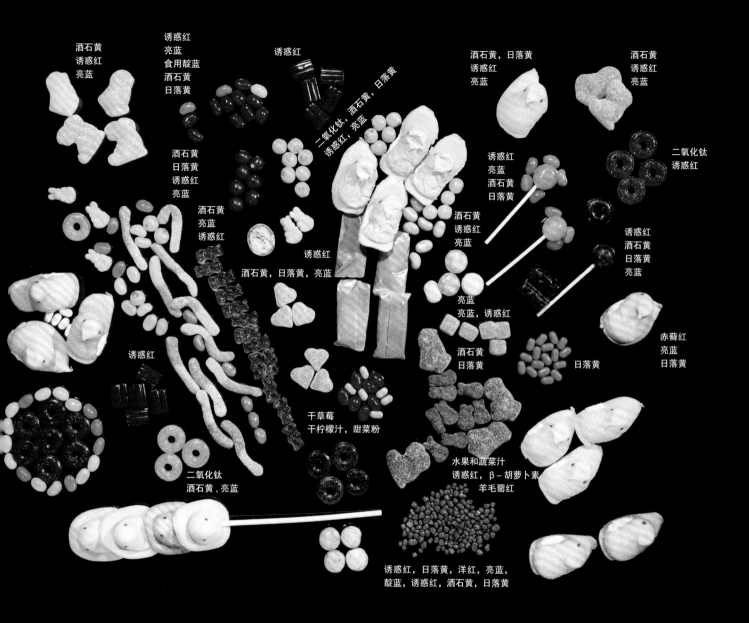

酒石黄
诱惑红
亮蓝

诱惑红
亮蓝
食用靛蓝
酒石黄
日落黄

诱惑红

二氧化钛，酒石黄，日落黄
诱惑红，亮蓝

酒石黄，日落黄
诱惑红
亮蓝

酒石黄
诱惑红
亮蓝

酒石黄
日落黄
诱惑红
亮蓝

诱惑红
亮蓝
酒石黄
日落黄

二氧化钛
诱惑红

酒石黄
亮蓝
诱惑红

酒石黄
诱惑红
亮蓝

诱惑红
酒石黄
日落黄
亮蓝

诱惑红

酒石黄，日落黄，亮蓝

亮蓝，诱惑红

诱惑红

二氧化钛

酒石黄
日落黄

日落黄

赤藓红
亮蓝
日落黄

干草莓
干柠檬汁，甜菜粉

二氧化钛
酒石黄，亮蓝

水果和蔬菜汁
诱惑红，β-胡萝卜素
羊毛翠红

诱惑红，日落黄，洋红，亮蓝，
靛蓝，诱惑红，酒石黄，日落黄

　　大自然使用了所有种类的食用色素。一些水果和蔬菜的鲜亮颜色几乎覆盖了整个光谱：明亮的绿色来自叶绿素，显眼饱和的红色来自花青素，蓝色来自翠雀花素和花葵素苷，还有许多颜色处于几者之间。看起来，大概只有一种颜色没有在水果中出现，就是一点儿紫色不带的纯蓝色。（多说一句，在美国伊利诺伊州中部冷无生机的冬日里，人们也能在商店里以合理的价格买到所有这些水果和蔬菜，这是现代物流运输实力的证明。）

　　这些糖果里耀眼的、不自然的颜色看起来好像是对自然的侮辱，因为许多相同的颜色其实都天然地存在于水果当中。只有紫色皮普糖的颜色超出了水果颜色的范围。

能食用的好色素

▷ 一般来说，天然食品中的色素分子要比合成食用色素中的分子大一些。一些天然色素除了使物体本身显得五颜六色之外，还担负着重要的职责（比如，叶绿素利用光产生了化学能）。一些色素对你的健康有益，比如 β－胡萝卜素，人体会将它转化为维生素 A。另外一些，比如甜菜苷（甜菜中的红色素）在高剂量下可能对人体有害。

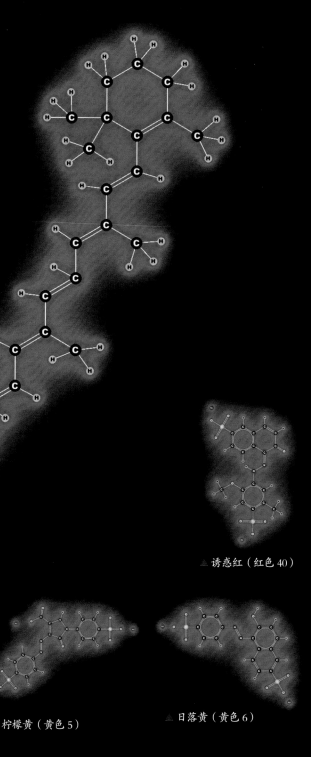

▷ α－胡萝卜素

△ 赤藓红（红色 3）

△ β－胡萝卜素

△ 诱惑红（红色 40）

△ 柠檬黄（黄色 5）

△ 日落黄（黄色 6）

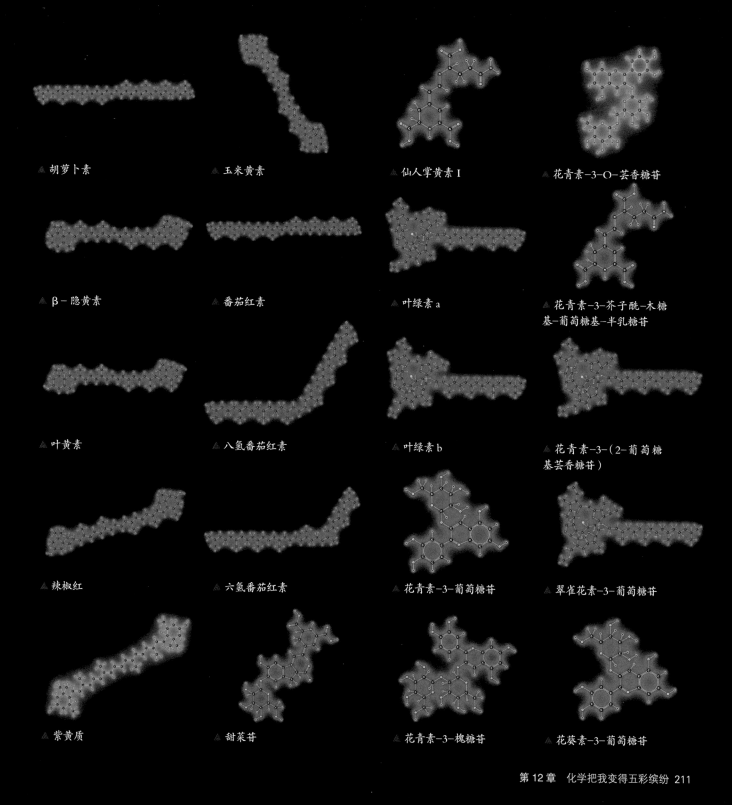

胡萝卜素

玉米黄素

仙人掌黄素 I

花青素-3-O-芸香糖苷

β-隐黄素

番茄红素

叶绿素 a

花青素-3-芥子酰-木糖基-葡萄糖基-半乳糖苷

叶黄素

八氢番茄红素

叶绿素 b

花青素-3-(2-葡萄糖基芸香糖苷)

辣椒红

六氢番茄红素

花青素-3-葡萄糖苷

翠雀花素-3-葡萄糖苷

紫黄质

甜菜苷

花青素-3-槐糖苷

花葵素-3-葡萄糖苷

历史的艺术

伴随着许多有机颜料的一个永恒的问题是，它们的颜色并不持久。它们随时光流逝而褪色，因为一个简单的事实是，它们吸收可见光，而不是将其反射、折射甚至完全无视，这意味着它们容易受到光的侵袭。它们的颜色来自于其特定的结构，如果结构被破坏掉了，颜色也就无法保持了。

但是还存在另外一种方式吸收特定的光，这种方式与无机化合物晶体结构的能级有关。它几乎完全避开了光对颜料结构的破坏，因为颜料的晶体结合方式只有一种。甚至，即使是光使原子从特定位置迁移了，原子也不可能移动得太远，晶体的特性会使它们马上回到原来的位置。

艺术家们创作油画、壁画时所使用的经典颜料通常是简单的无机化合物，这种颜料永远不会发生改变，也不会褪色，这是因为这些化合物的基本组成可以保持稳定。

问题在于，用无机颜料只能调制出非常有限的颜色，鲜亮、饱和的颜色尤其少，许多这类颜色都来自于被磨碎的鲜亮的有色石头。这些石头也被称作"宝石"，或至少可被称作"半宝石"。这类颜料，比如青金石，非常昂贵，这就是为什么在涵盖了所有颜色的合成有机颜料发明之前，一些颜料只有富人才能拥有。

一些颜料的历史非常悠久，可以一直追溯到人类历史早期的洞穴岩画。这样的颜料中有铁和镁的氧化物。它们全面地涵盖了各种大地色。基本上，我们看到的就是各种不同的锈。最浅的颜色——赭石色——几乎全是铁的氧化物。赭石色颜料中含有大约5%的氧化镁，棕土色颜料中氧化镁的比例提高到了20%左右。赭石色和棕土色颜料都可以被"灼烧"，就是说它们可以被加热，以使一些铁氧化物转变为颜色更深的赤铁矿的形式。

赭黄色颜料（铁氧化物的水合物）

灼烧过的棕土色颜料（烤生褐）

未经灼烧的赭石色颜料（铁氧化物和5%的氧化镁）

经过灼烧的赭石色颜料（烤黄赭）

未经灼烧的棕土色颜料（铁氧化物和5%~20%的氧化镁）

▽ 某些金属盐类和氧化物有着无机颜料很少见的浓郁、鲜亮的颜色。
凡·高画那么多黄色花卉，可能不只是因为他喜欢黄花，也可能是
因为镉黄是他买得起的艳色。镉黄毒性很高，但是……这是艺术。

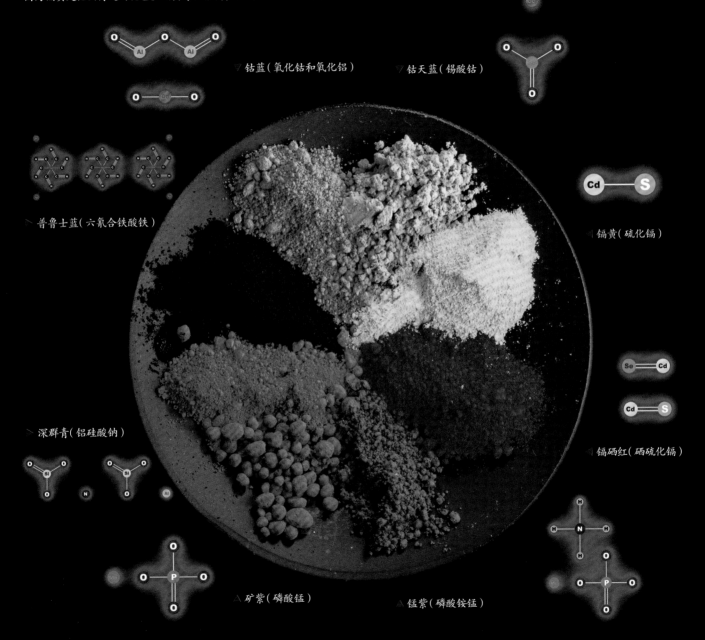

▽ 钴蓝（氧化钴和氧化铝）

▽ 钴天蓝（锡酸钴）

▷ 普鲁士蓝（六氰合铁酸铁）

◁ 镉黄（硫化镉）

▷ 深群青（铝硅酸钠）

◁ 镉硒红（硒硫化镉）

△ 矿紫（磷酸锰）

△ 锰紫（磷酸铵锰）

历史的艺术

半宝石曾经是明艳颜料的一种来源。一些半宝石，例如青金石，非常昂贵，所以它只用来描绘画作中最重要的人物；其他矿物，比如方铅矿、朱砂、雄黄，它们既为画作提供了颜色，也使画作有了毒性，它们分别含有相当多的铅、汞、砷。

孔雀石（碱式碳酸铜）

绿松石
（铜和铝的磷酸盐）

方铅矿（硫化铅）

雄黄（硫化砷）

石青（铜的碳酸盐）

朱砂（硫化汞），作为颜料称为丹砂。

青金石（含有天青石的混合矿物），颜料称为群青。

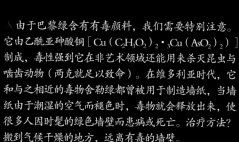

由于巴黎绿含有有毒颜料，我们需要特别注意。它由乙酰亚砷酸铜 [$Cu(C_2H_3O_2)_2 \cdot 3Cu(AsO_2)_2$] 制成，毒性强到它在非艺术领域还能用来杀灭昆虫与啮齿动物（两克就足以致命）。在维多利亚时代，它和与之相近的毒物舍勒绿都曾被用于制造墙纸，当墙纸由于潮湿的空气而褪色时，毒物就会释放出来，使很多人因时髦的绿色墙壁而患病或死亡。治疗方法？搬到气候干燥的地方，远离有毒的墙壁。

▷ 黑檀和象牙可以被制成钢琴上颜色完全相反的黑键与白键，但在颜料的世界，"象牙"也是黑色的。"象牙黑"是用真正的象牙加热到碳化而得到的纯黑色颜料，如今已经非常稀有。今日，这种颜料通常由烧焦的骨头制成，连象骨都不用。可用石墨和炭黑制成类似的颜料，因为它们几乎就是纯碳（骨头和象牙黑还含有磷酸盐）。白色颜料有好几种选择，最常用的是二氧化钛。这种颜料被用在大量的涂料中，不是因为它是白色的，而是因为它可以很好地让涂料变得不透明。如果一种家装涂料"遮盖力"好，无论它看起来是什么颜色的，都可能含有大量二氧化钛。

▽ 传统的中国水墨画颜料由各种颜色的天然有机颜料和无机颜料制成，其中还含有可以使它们附着在宣纸上的成分。从定义上来讲，特有的颜料源自古代，使水墨画与2000余年的传统不可割裂，这一点让丰富而活泼的调色盘特别振奋人心。

▽ 二氧化钛　　▽ 象牙黑（碳）石墨

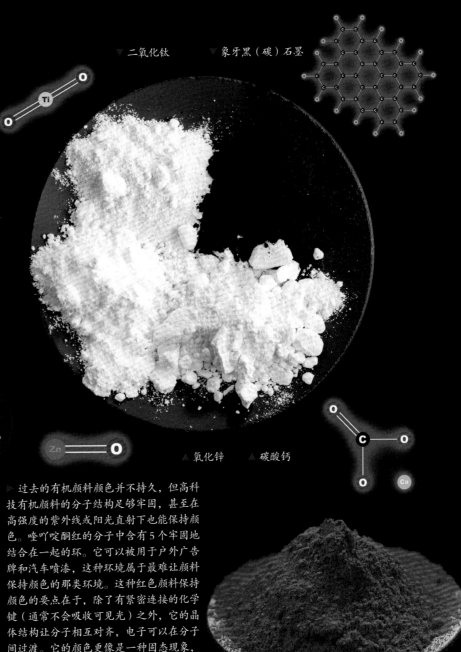

▲ 氧化锌　　▲ 碳酸钙

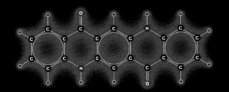

▲ 喹吖二酮看起来就很稳定，实际上它确实也很稳定。这些环结构都是分子世界里的固体公民。它们的化学键很牢固，它们不是特别希望和别的东西发生反应，也不喜欢和光进行互动，这个分子就是一种颜料。

▷ 过去的有机颜料颜色并不持久，但高科技有机颜料的分子结构足够牢固，甚至在高强度的紫外线或阳光直射下也能保持颜色。喹吖啶酮红的分子中含有5个牢固地结合在一起的环。它可以被用于户外广告牌和汽车喷漆，这种环境属于最难让颜料保持颜色的那类环境。这种红色颜料保持颜色的要点在于，除了有紧密连接的化学键（通常不会吸收可见光）之外，它的晶体结构让分子相互对齐，电子可以在分子间过渡。它的颜色更像是一种固态现象，而不是分子现象，但它仍然不如赭石色那样稳定。赭石色是大地的颜色，自大地诞生之初就存在了，直到世间万物不再。

第13章 | 我讨厌这个分子

在这一章中，我将为你讲述一些让人们非常非常愤怒的化合物。我不是说人们因这些化合物确定有害而愤怒，我指的是那些被卷入政治旋涡使数代人留下偏见的化合物，或是那些分子，它们展现了人性中最糟糕的一面——贪婪与短视，导致悲剧与不公。

21世纪早期，那些被谴责的分子中的代表之一是硫柳汞，它是一些疫苗中的防腐剂和抗真菌剂。问题来了：1998年，一篇论文声称自闭症与童年时接受的疫苗注射相关。最初，这篇论文受到了质疑和广泛的批评。12年后，它被学术期刊撤稿，但这时"反儿童疫苗"运动已经进行得如火如荼。很难统计有多少儿童死于这场运动，大概有几百人，甚至很可能超过1000人。

因注射了含有硫柳汞而患上自闭症的孩子的数量则相对容易确定：据人们所知，精确的数字是0。

◀ 从干冰上升腾起的二氧化碳气体像是浓重的战争硝烟笼罩着全球变暖的争议。

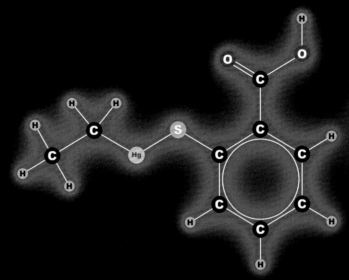

▶ 在人们找寻儿童自闭症发病率越来越高的原因时，人们曾一度将注意力集中到硫柳汞身上，这个分子看起来相当令人害怕。注意到中间的Hg原子了吗？就是汞，更糟糕的是，这是连接在有机基团上的汞原子。右边的部分是硫代水杨酸，基本上就是个有着硫原子的阿司匹林；其左边的部分是相当令人害怕的部分：乙基（两个碳原子）。如果你断开汞—硫键，剩下的部分就是乙基汞离子。如果这还没有让你产生一点点的恐慌，那你还是没有完全了解情况。

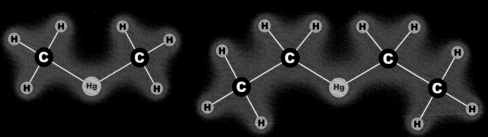
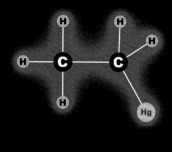

▲ 二甲基汞和二乙基汞可蓄积在大脑中，即使在低浓度下也会造成严重的神经系统损伤。它们属于已知的神经毒性最强的物质，会在身体中残留很长一段时间并且累积，所以任何接触都是一个问题。它们会在动物的脂肪组织中蓄积。一些汞会被火力发电厂排放出来，变成某种形式汞的化合物，然后通过某种形式（比如积蓄在金枪鱼体内）最终回到人类体内。因为这些原因以及其他一些原因，我们应该尽可能限制一些人向环境中排放汞。硫柳汞虽然看起来可能会产生这些化合物，但事实上它没有。

硫柳汞在体内分解时，产物之一是乙基汞离子。这听起来很可怕。假如它通过某种形式转变为二乙基汞或者其他任何类似的有机汞化合物，都会成为一个真正的难题。但所有的迹象都表明，这一切都没有发生。这一过程已经被大量详尽地研究过了，看起来相当确定的是，二乙基汞离子在几周之内就被身体清除掉了。与在环境中滞留数年的汞不同，二乙基汞离子没有足够的时间来进行转化。你不会希望在长时间里摄入大量的二乙基汞离子，这像是在试探命运，因为一些离子有可能在体内滞留很长时间，长到足以产生危害。但一生中能有几次接触到极小的剂量呢？没事儿，这不是问题。

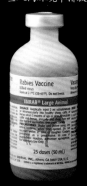
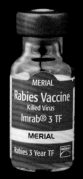

▲ 尽管硫柳汞看起来完全无害，可为什么疫苗中又要含有它呢？为何不通过避免使用硫柳汞而解决这个问题呢？1928年，有21名儿童被注射了不含硫柳汞的白喉疫苗，其中12名儿童死于细菌感染。这类事情引起了人们的注意。时至今日，硫柳汞是唯一一种已知的既能保持多剂量疫苗的药效，又能防止疫苗被微生物污染的物质。如果要在像全世界这么大的范围内分发疫苗，同时花销要保持合理，那你只有两个选择：用硫柳汞，或者不用。如果你选择了后者，你就会眼看着孩子们因感染而死亡，而这原本是可以避免的。反疫苗的人们鲁莽地认为我们把所有疫苗都停掉就好。但我们当初开始使用疫苗是有理由的！无法统计，在疫苗发明之前，曾有多少人死于白喉，而现在已经可以通过疫苗来预防，仅仅在现代社会，因为疫苗而受益的人就达到了几亿。

有个很简单的方法可以避免在疫苗中使用硫柳汞：把所有的疫苗都做成单次剂量的，以有效避免污染的可能。这听起来棒极了，对吧？是挺棒的，前提是你很富裕。事实上，作为对"反儿童疫苗"运动施加的压力不必要的回应，那些足够富裕、能够负担单剂量疫苗的国家，已经基本不在儿童疫苗里使用硫柳汞了。但在贫困国家，每年有数千名儿童死于可以预防的疾病，在那里使用含有硫柳汞的多次剂量疫苗是唯一可行的办法。

▷ 硫柳汞目前仍被用于一些疫苗和另外一些特殊应用中。这是一个旧童子军防蛇咬套装，用 0.1% 浓度的硫柳汞溶液来防腐。

为享乐与利益摧毁大气层

硫柳汞的经历令人愤怒，因为它帮助了许多人，却获得如今不堪的待遇。我们接下来要看到的这些分子则因为截然相反的原因而令人义愤填膺：它们已经造成了很大的危害，而且在一些对它们应该了解也确实非常了解的人们的保护下，造成了更大的危害。这些人对此视而不见，甚至为了私利不惜违反法律。

◁ 给为无铅汽油设计的汽车加上含铅汽油，对公众害处很大：它会毁掉催化转化器，导致汽车尾气的污染大幅增加，铅的排放量就更不用提了。所以，在所有为无铅汽油设计的汽车中，油箱加油口较小，而不适合用于含铅汽油的标准喷嘴。当然，用于无铅汽油的小口径喷嘴适用于两种类型的油箱。如果你给本为含铅汽油设计的发动机里加入无铅汽油，则会面临爆震和发动机损坏的风险，但这两种问题不会影响环境，这只是你个人需要考虑的问题，而不是公众担忧的问题。

让铅走开！

▽ 一些拥有不能使用无铅汽油的古董车的车主为禁令而愤怒。一方面是为他们自己考虑，另一方面是因为有的拖拉机和飞机的发动机仍然需要它，现在仍然有含铅汽油。像这样的添加剂，可以把无铅汽油变成含铅汽油，好让那些老旧的或者特殊的发动机能够运转，只是在路上用时不要被逮到，这么做是非法的。

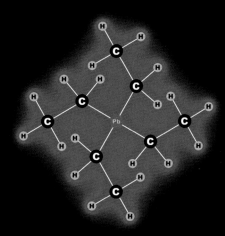

▲ 几十年来，四乙基铅被添加进汽车用汽油中。这种"防爆"化合物可以让一些种类的发动机运转得更好（参见第74页）。为什么要使用这种特殊的化合物？因为它廉价，并且的确有用。为什么不用它？因为以几乎任何形式存在的铅都是潜在的神经毒素，任何水平的铅都会伤害大脑。铅，尤其是四乙基铅，在含铅汽油被发明之前，人们就知道它们有毒了，并且曾有人警告说汽油加铅不是什么好主意。几十位工人在制造含铅汽油的工厂内死亡，这种廉价却有效的化学物质会造成极大的危害是无可争议的事实，但是那些公司显然没有诚意去尽力阻止它的使用。最初由于只有工人因其丧命，工厂的掩盖行径曾一度奏效，但到了20世纪70年代，大量公众也受到毒害的事实浮出水面。现在，几乎世界上所有的国家都禁止在公路上使用含铅汽油。

▲ 新型燃料通过不同的添加剂（比如乙醇和异辛烷）以达到较高的辛烷值，但这样的添加剂又可能使辛烷值太高，甚至超过高压缩比、高性能的赛车发动机之类的机器的需要。这一罐燃料就是磺酸钠、壬烷（和辛烷结构类似，含有9个而不是8个碳原子）和其他烃类化合物以特定比例混合而成的。

救救臭氧层！

▽ 氯氟烃（CFC）真是令人叹息！它们具有不可燃、完全无毒、很温和的压力下就能液化、汽化热高（这意味着它们可以成为很好的制冷剂）等优点。但它们摧毁地球的臭氧层就像制冷剂一样高效，这实在太可惜了。当人们清楚地认识到这些物质必须从大气循环中清除出去后，全世界的政府因为说客的压力在几十年后才采取了措施。就在这场整个工业界都在散布不实消息的气候变化之战中，他们磨利了尖爪、改善了战术，准备打一场更大的战役：二氧化碳之争。

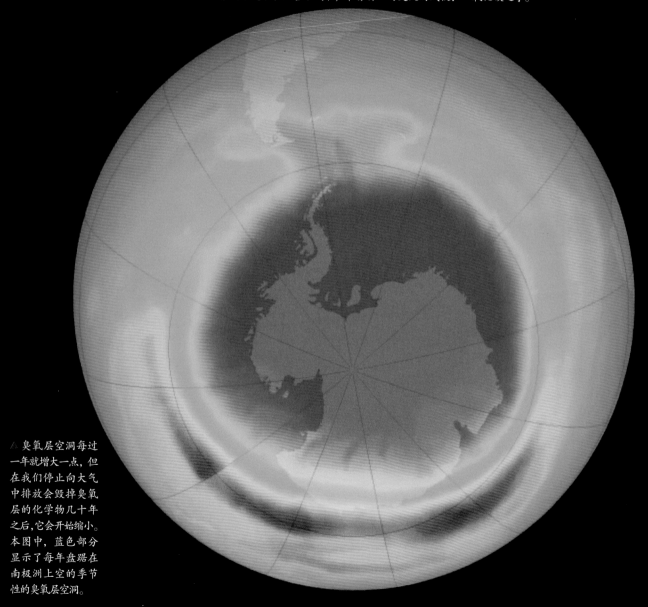

△ 臭氧层空洞每过一年就增大一点，但在我们停止向大气中排放会毁掉臭氧层的化学物几十年之后，它会开始缩小。本图中，蓝色部分显示了每年盘踞在南极洲上空的季节性的臭氧层空洞。

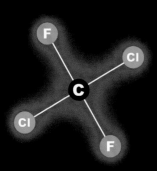

R-22a 听起来像是 R-22 的替代物，是吧？但如果你看到右边的分子式显示了它是什么成分，你会发现其里面既没有氯也没有氟，只有氢，它是烃。R-22a 就是丙烷，和你打火机里的燃料一样。换句话说，把它用在冰箱里那真是疯了。显然，至少可能造成灾难。

氯氟烃曾经几乎是通用的喷雾抛射剂（将内容物推出瓶外的压缩气体）。喷雾瓶中的氯氟烃毫无他用，白白被释放到大气中，因此这是它第一种被禁止的用途。

既然现在氯氟烃被禁止使用了，气雾剂的罐子就有了更多让人惊喜的改进！氯氟烃不可燃，但现在常用的一种替代品丙烷，可以作为打火机里的燃料。丙烷像氯氟烃一样，在相当低的压力下就能液化，这样罐子就可以储存大量抛射剂又不会使内部压力过大。这罐发胶用的不是丙烷，而是与之相近的推进剂——二甲醚。

氟氯烃被禁止在大多数空调和冰箱中使用，结果导致黑市上这类产品的价格高得能把原来的生产厂家吓一跳：这类产品中最便宜的物质是 R-22（二氟一氯甲烷），4.54 千克装的一罐就花了我将近 200 美元。禁令引起了很多抱怨，人们说这些气体是可回收的，或者从来就没那么有害。但事实上它就是那么有害，现实中它如果存在于数百万辆汽车的空调中，它迟早都会泄漏光。

R134a 是一种氟代烃，与氯氟烃不同的是，它的分子中只用氟原子部分取代了氢原子，并不含有氯原子，这使它的危害要比氯烃小得多。但是，它只能在为它专门设计的制冷系统中使用，不能用于设计使用 R-22 的系统中。

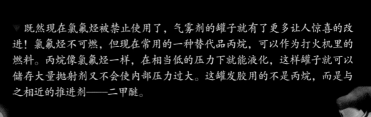

救救地球！

与所有大气化学战争中最激烈的二氧化碳之争相比，发生在含铅汽油和氯氟烃上的斗争太小儿科了。从某种意义上来说，含铅汽油和氯氟烃之争只是这场战争的细枝末节。只要辛烷值够好，没人在意汽油里用的是什么添加剂。只要发型在周末晚上看起来够棒，没人在意发胶中用的是什么气体抛射剂。但二氧化碳不同，它来自于人类的核心活动，且大量被排放，它是我们为交通、电力、热量而消耗的燃料的主要产物。在人类活动造成的气体排放当中，它的排放量远超过任何其他化合物（除了水）。唯一阻止它被排放的方法是，在全球范围内重新设计安排整个能源经济，把矿物燃料用其他东西替换掉。在这场变革中将出现大赢家，也将出现大输家。输家们自己心里有数。

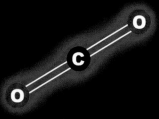

干冰是固态的纯二氧化碳。在几代人以后，每个人都将清楚地了解到当初不排放那么多二氧化碳有多么明智。我们的孩子们将共同致力于补救我们给他们造成的大麻烦。他们会说，要是人们对二氧化碳了解得更多就好了。他们所说的人们指的并不是他们自己，而是我们。现在有些人拿着大笔薪水在公众眼皮下拼命搅浑水，否认问题的存在，好给他们的老板多争取几年随意排放的利益。就如我所写，这些人不得不开始面对一个事实：问题不再是他们会赢得这场辩论的胜利，还是失败，他们面临的问题是，想要站在历史的哪一方。

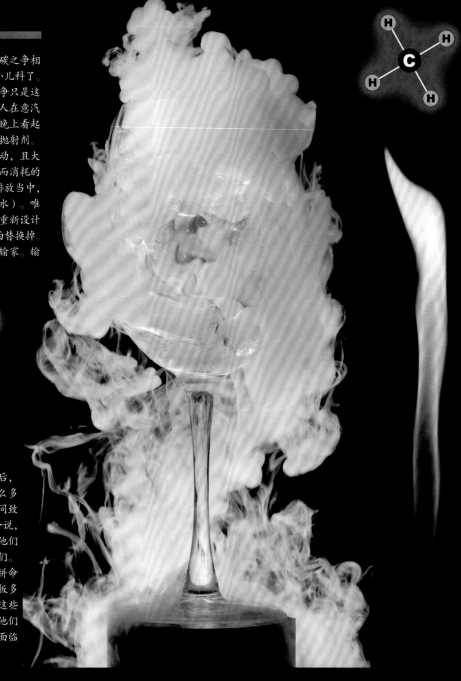

▷ 煤燃烧的时候能量来自两个反应：碳原子变为二氧化碳，氢原子变为水。水没有什么问题，在全世界将引起巨变的是二氧化碳。煤主要是由长链烃组成的，平均每个碳原子大约带两个氢原子。以碳和氢的比例，以及排放每单位的碳与所产生的能量的比例来说，煤是最糟糕的燃料。

◁ 天然气（甲烷）中每个碳原子对应4个氢原子，这个比例是煤的两倍。粗略来说，与煤相比，释放同样数量的二氧化碳，天然气释放的热量是煤的两倍。所以天然气被认为是一种相对来说"良好"的烃。但它也不会拯救我们：全世界的天然气储量不够，想减少一半的碳原子仍然是太多了。

也被用来做橡胶鞋的化合物

接下来，让我们看一个让我愤怒的化合物。我愤怒不是因为它有益或有害——实际上我不知道这种特殊的化合物是不是有害的。我的愤怒源自人们在谈论它时表现出的无知。

曾有一场运动抗议使用偶氮二甲酰胺，之后美国一家全国性的连锁餐馆宣布，将停止它在面包中的使用。与此事相关的头条报道基本上都在显眼的位置标明这种化合物同样被用来制造橡胶鞋和瑜伽垫。请愿书上所列的这种成分的害处，甚至包括了一辆满载它的卡车的倾覆被当作有毒化学品泄漏事件来处理。你希望自己的食物中含有如此可怕的物质吗？

偶氮二甲酰胺能不能作为食品配料，这是可以被怀疑的，但并不应该因为它是可以被用来制造鞋子的，或是它的纯品是有毒的！这不仅是因为这两点与该物质可能出现的其他问题相比不重要，也是因为这两点与此讨论毫无关系。

许多性质强烈、危险的化学品被用来制造纯净、天然、健康的产品。例如，氢氧化钠通常被称为烧碱或苛性钠，既可以用来制造全天然的有机皂，也可以用来制造碱水面包、椒盐脆饼、玉米片以及其他一些普通、健康的传统食物。大多数小型肥皂制造企业使用的氢氧化钠原料是食品级烧碱。（制造肥皂时可以只用从草木灰中洗脱的碱与相近化合物，但这即使在纯手工制皂者中也十分罕见。草木灰中的化学物质和食品级烧碱一样，只是多混入了一些其他的成分而已。）

氢氧化钠被归类为腐蚀性化学品。它不能被邮寄，在商业性运输中被当作危险品，只能走地面交通，必须装在被批准的特定容器中，每次的运输量不能超限。如果满载着氢氧化钠的卡车在你所在的城镇翻车了，那就是头条新闻，每一个应急管理机构都会被召来援助。不过，你在做椒盐脆饼时，必须用到它。

这是最早、最原始的肥皂，它由碱以及动物的脂肪或植物的脂肪制成。要做一块有洗涤能力的肥皂，有这两样物质就足够了。有毒性、腐蚀性的氢氧化钠会以脂肪酸结合的钠离子形式留在肥皂中，氢氧根则与脂肪酸中的氢离子结合成水（肥皂做好前，一些水会被挤出去）。这种脂肪与强碱之间的反应不会像下页中强碱与鸡爪中脂肪、皮肤、肌肉的反应那样。化学物质一个特别重要的特征是，能够把自己完全转化掉，不留一丝痕迹。所以，如果有人告诉你不要使用某种产品，因为人们在制造它的过程中曾使用了某种化学物质，那你就问问他们是喜欢天然皂还是人工洗涤剂，我保证他们会落入你挖的陷阱中。

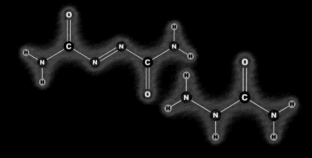

加热时，偶氮二甲酰胺会部分降解为氨基脲，一些实验结果显示它会导致癌症（在动物实验中，高剂量使用）。它在食物中有害吗？这是个有趣又重要的问题。明智的人们在这件事上发生了分歧，这需要仔细研究。但是，偶氮二甲酰胺也是制造橡胶鞋的原料，与此是毫不相干的两件事。这就像是说，你不能喝水，因为它在化学工业中是用来稀释酸的强有力溶剂一样。

我的童年中有着一些美好的回忆：很久远之前，美丽的树木以及从阿罗萨街尾那家面包店里买到的碱水面包卷。如果任何人准备发起抗议来禁止碱水面包，就因为氢氧化钠是世界上腐蚀性最强的化合物之一，我将十分生气。

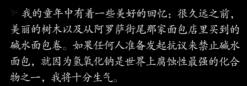

有史以来最可怕的有害无机化合物

最后，我们要讲一种有害的化合物，所有人都认为它有害，针对它的公众讨论理性而且信息公开。但是，它仍然在那些知道发生了什么事情的大众中引起了强烈的愤怒。

石棉曾经被认为是一种奇迹般的物质，它是能满足所有人想象的最棒的绝热材料。它的性质很稳定，耐腐蚀、耐热、坚固、廉价，并且有实用价值。但就如今而言，它成为了世界上引发法律诉讼最多的物质。这源于：尽管石棉非常有用，但它会造成肺癌的事实人们无法否认。石棉厂的工人死于他们加工的石棉引发的癌症，这一点

已经被证实了。一些公司极力消除相关证据，不仅故意无视，还掩盖事实。

如果还有一个理由能让人感觉人身伤害律师职业的高尚，就是这个：许多年来，律师们为被卑劣的公司故意伤害的工人争取赔偿金。

之后，真正的受害者越来越少，各个公司重塑形象，全世界人民的日常生活中都逐渐不再能见到石棉，曾被恶意曝露于石棉中的人们变老、离世。但诉讼仍在继续进行，维持着律师们的生计。

律师们把身患严重癌症的人们召集起来，把摆满一整间屋子的消费品给他们看，让他们试着回忆有没有用过甚

至见过其中的一些物品。如果他们说"是的"，针对生产这种商品的公司的诉讼就会立即建档。一些原本没理由让人相信二者之间存在关联的事例经常被律师联系在一起提起诉讼。很多被起诉的公司以前从没被怀疑做过什么错事。

我们当然为那些饱受癌症折磨而去世的人表示遗憾，我们当然希望他们在生命的最后一段时日能够得到照料，给些钱让他们得以安慰。但如果为了得到这些，再编造出一个受害者来冤枉一个无辜的、没有做任何错事、产品没有伤害到任何人的公司，这不是正义，正相反，这是不公。

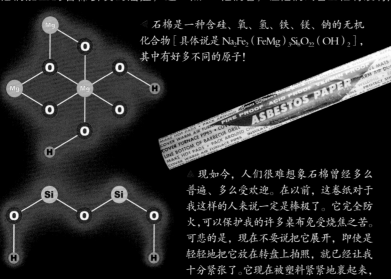

石棉是一种含硅、氧、氢、铁、镁、钠的无机化合物［具体说是 $Na_2Fe_2(FeMg)_5Si_8O_{22}(OH)_2$］，其中有好多不同的原子！

现如今，人们很难想象石棉曾经多么普遍、多么受欢迎。在以前，这卷纸对于我这样的人来说一定是棒极了。它完全防火，可以保护我的许多桌布免受烧焦之苦。可悲的是，现在不要说把它展开，即使是轻轻地把它放在转盘上拍照，就已经让我十分紧张了。它现在被塑料紧紧地裹起来，才能安全地保存。

从微观尺度来看，石棉纤维十分尖锐，其能够到达细胞的 DNA 并破坏它，可能由此引起基因突变导致癌症；又因为石棉的化学惰性，一旦其纤维被吸入肺部，它将永远留在那里，持续几十年地造成伤害。

这一小块布承载了各种坏事：它由石棉制成，是第二次世界大战期间用于给机关枪换枪管的隔热垫（机关枪在长时间使用后，枪管会变得非常烫）。癌症带来的死亡，子弹带来的死亡，一切都附在这一小块石棉布上。

	T	C	A	G	
T	TTT=苯丙氨酸（F） TTC=苯丙氨酸（F） TTA=亮氨酸（L） TTG=亮氨酸（L）	TCT=丝氨酸（S） TCC=丝氨酸（S） TCA=丝氨酸（S） TCG=丝氨酸（S）	TAT=酪氨酸（Y） TAC=酪氨酸（Y） TAA=终止密码子 TAG=终止密码子	TGT=半胱氨酸（C） TGC=半胱氨酸（C） TGA=终止密码子 TGG=色氨酸（W）	T C A G
C	CTT=亮氨酸（L） CTC =亮氨酸（L） CTA =亮氨酸（L） CTG=亮氨酸（L）	CCT=脯氨酸（P） CCC=脯氨酸（P） CCA=脯氨酸（P） CCG=脯氨酸（P）	CAT=组氨酸（H） CAC=组氨酸（H） CAA=谷氨酰胺（Q） CAG=谷氨酰胺（Q）	CGT=精氨酸（R） CGC=精氨酸（R） CGA=精氨酸（R） CGG=精氨酸（R）	T C A G
A	ATT=异亮氨酸（I） ATC=异亮氨酸（I） ATA=异亮氨酸（I） ATG=蛋氨酸（M）	ACT=苏氨酸（T） ACC=苏氨酸（T） ACA=苏氨酸（T） ACG=苏氨酸（T）	AAT=天冬酰胺（N） AAC=天冬酰胺（N） AAA =赖氨酸（K） AAG=赖氨酸（K）	AGT=丝氨酸（S） AGC=丝氨酸（S） AGA=精氨酸（R） AGG= 精氨酸（R）	T C A G
G	GTT=缬氨酸（V） GTC=缬氨酸（V） GTA=缬氨酸（V） GTG=缬氨酸（V）	GCT=丙氨酸（A） GCC=丙氨酸（A） GCA=丙氨酸（A） GCG=丙氨酸（A）	GAT=天冬氨酸（D） GAC=天冬氨酸（D） GAA=谷氨酸（E） GAG=谷氨酸（E）	GGT=甘氨酸（G） GGC=甘氨酸（G） GGA=甘氨酸（G） GGG=甘氨酸（G）	T C A G

生命的机制

你可能已经注意到了，我还没有详细讲过一类非常重要的分子：那些使生命"机器"运转起来的大分子。DNA、RNA 和蛋白质都是分子，但它们本质上与我们目前为止讨论过的其他分子都有很大的区别。与其说和其他分子类似，不如说它们更像书本和机器人。

这几种分子都是由几种基本单元装配而成的长链。这样来看，它们像我们在第 103 页中讨论过的聚合物。但是，那些聚合物是相同的单元按固定顺序或是半随机的顺序，反复重复形成的。在聚合物中这些组合单元的排列顺序之中，并没有隐含大量的信息。这就与我在这里谈论的分子不同了。

DNA 则承载着信息。它由核苷酸（共 4 种）序列组成，核苷酸的特定顺序可以编码一个活的有机体中几乎所有生长、运动、繁殖所需要的信息。除了复制和使用自身携带的信息之外，DNA 并没有其他功能。人们经常把核苷酸比作字母表中的字母，那 DNA 分子就是用字母写成的书。

这不仅仅是个有用的比喻，它还关系到你离字面下的真相有多近。这些基本单元被冠以 G、A、T、C 这 4 个字母，分别代表鸟嘌呤、腺嘌呤、胸腺嘧啶、胞嘧啶。所以，描述一条 DNA 可以按分子单元在 DNA 序列中出现的顺序来书写排列这 4 个字母。一条典型的 DNA 上含有数千万个字母。

字母被组合成"单词"，每个单词都精确地含有 3 个字母。这些单词又按顺序组成了"句"，每一句都含有构造一个蛋白质所必需的信息。这些单词被称为密码子，句子被称为基因。一条基因可以短到含有不到 1000 个字母，也可以长到含有超过 100 万个字母。

完整的人类基因组（一套用来组成人体并使其运转的 DNA）由 22 本书（被称为染色体）组成，书则由那些句子写就。这些书共包含大概 30 亿个字母。（比较一下，完整的一套 7 本《哈利·波特》大概含有 500 万个字母。）

类似地，蛋白质也是由基本单元以准确的顺序组合而成的，但是它不是用于复制编码信息，而是使身体运转的机器、信使和身体的构造者。每个蛋白质都由多达 21 种不同的氨基酸按照特定序列排列而成。蛋白质中的氨基酸序列决定了它的形状和功能，并且这个序列是用 DNA 单词写成的。

当细胞需要制造蛋白质时，那条记载着制造方法的 DNA 将被一种叫"RNA 聚合酶"的蛋白质"机器"转录为一条 RNA（其中含有与 DNA 相同的信息，只是用稍有差异的化学单元构成而已）。这条 RNA 接下来到达另一个同样由蛋白质构成的"机器"处，也就是核糖体。核糖体将按顺序读出 RNA 上的"单词"，并用它们"组装"成对应的蛋白质序列。DNA 上的每个单词（含有 3 个字母）都对应着蛋白质中一种特定的氨基酸。

◀ 这个表格展示了 DNA 中的 3 个核苷酸序列组合会被翻译成蛋白质中特定的氨基酸。例如，CAA 和 CAG（这代表核苷酸序列是胞嘧啶－腺嘌呤和胞嘧啶－腺嘌呤－鸟嘌呤），这两种组合都会被翻译成谷氨酰胺，在蛋白质序列中被写作字母 Q。这太像计算机的方式了。在 64 种可能的组合中，有 3 种是"终止密码子"，它们会让蛋白质合成"机器"停止工作，并释放刚刚建造的蛋白质。

与分子无关

本章中，我故意没有加入我那经典的分子结构图，虽然 DNA、RNA 和蛋白质的确是由原子构成的分子，但这真的不是看待它们最好的方式。比起用化学语言，用计算机语言我们将更容易理解它们。事实上，"计算生物学"领域是如今最热门的研究领域之一。黑客——一类写计算机代码的人——越来越对"黑"基因组感兴趣，想用生命语言而不是计算机语言编程。

本页中的表格无疑是你可能遇到的图表中最令人兴奋的一个。这就是生物的密码。这张表格列出了 DNA 中的哪 3 个字母单词会译成蛋白质中的哪个氨基酸。利用这种密码，你就能像读书一样读 DNA，如同活细胞中的蛋白质合成机制。你也可以在书中"写作"，作品的名字是"基因工程"，这非常类似于计算机工程或机械工程这样的工程领域——用同样的思维方式和直觉去修补、调节、创新，这些在基因工程领域都可以做。这很吓人，又令人兴奋，这就是未来。

如果以后我们回顾现今这个时代，绝对毫无疑问的是，我们将会把它当作 DNA 的时代，我们了解了生命的基础，理解它们，然后将它们为我们所用——或变成我们的厄运。我的计算机背景告诉我，对机器编程的理解，甚至一个简单的想法，都将会带来无法想象的力量。新的一代人，可能包括你，将会把这种编程模式带入生命世界，你将从零创造出新的生物，或者将给包括人类自身在内的现存生物重新编程。

重新给生命编程的技术发展之后我们能不能生存下来，这是个有争议的问题，恰如另一个有争议的问题——我们能否在核武器发明后逃过一劫。我们希望人性善的一面将占据上风，就像到目前为止一样，生命科技主要被用在好的方面。（顺便说一句，万一你想研究 DNA 上相关的部分，我希望自己能有更多的头发。）

```
ATG GCC CGT ACT AAG CAG ACT GCT CGC AAG
TCG ACC GGC GGC AAG GCC CCG AGG AAG CAG
CTG GCC ACC AAG GCG GCC CGC AAG AGC GCG
CCG GCC ACG GGC GGG GTG AAG AAG CCG CAC
CGC TAC CGG CCC GGC ACC GTA GCC CTG CGG
GAG ATC CGG CGC TAC CAG AAG TCC ACG GAG
CTG CTG ATC CGC AAG CTG CCC TTC CAG CGG
CTG GTA CGC GAG ATC GCG CAG GAC TTT AAG
ACG GAC CTG CGC TTC CAG AGC TCG GCC GTG
ATG GCG CTG CAG GAG GCC AGC GAG GCC TAC
CTG GTG GGG CTG TTC GAA GAC ACG AAC CTG
TGC GCC ATC CAC GCC AAG CGC GTG ACC ATT
ATG CCC AAG GAC ATC CAG CTG GCC CGC CGC
ATC CGT GGA GAG CGG GCT TAA
```

» 这个序列看起来跟左边那个序列类似，但请注意，它用到了不同的字母，并且序列较短。它表示的是用较长的 DNA 代码编码出来的蛋白质中的氨基酸序列。因为每种氨基酸都是由 DNA 中的 3 个字母编码出来的，这个序列的长度就恰好是相应 DNA 序列长度的 1/3。（每种氨基酸对应的缩写字母都在密码表中列出来了。例如，L 代表亮氨酸。）

```
MARTKQTARK
STGGKAPRKQ
LATKAARKSA
PATGGVKKPH
RYRPGTVALR
EIRRYQKSTE
LLIRKLPFQR
LVREIAQDFK
TDLRFQSSAV
MALQEASEAY
LVGLFEDTNL
CAIHAKRVTI
MPKDIQLARR
IRGERA
```

这是一个非常小的蛋白质 DNA 编码序列，这种蛋白质叫组蛋白 H3.2（人组蛋白的一种变体）。这是 1 号染色体正链上不显眼的一部分，在该染色体上占据从第 149 824 217 号字母到第 149 824 627 号字母之间的序列。花一分钟好好想想确保明白这一点。这些数字并不是我编造的，它们直接来自人类基因组数据库，那里列出了数以万计的这类序列的名字、精确位置和功能。整个人类基因组被从头到尾地测序过了（虽然现在我们只知道其中一小部分的确切功能）。地图已经被描绘出来了，把所有的空白区域都涂上色只是时间问题。

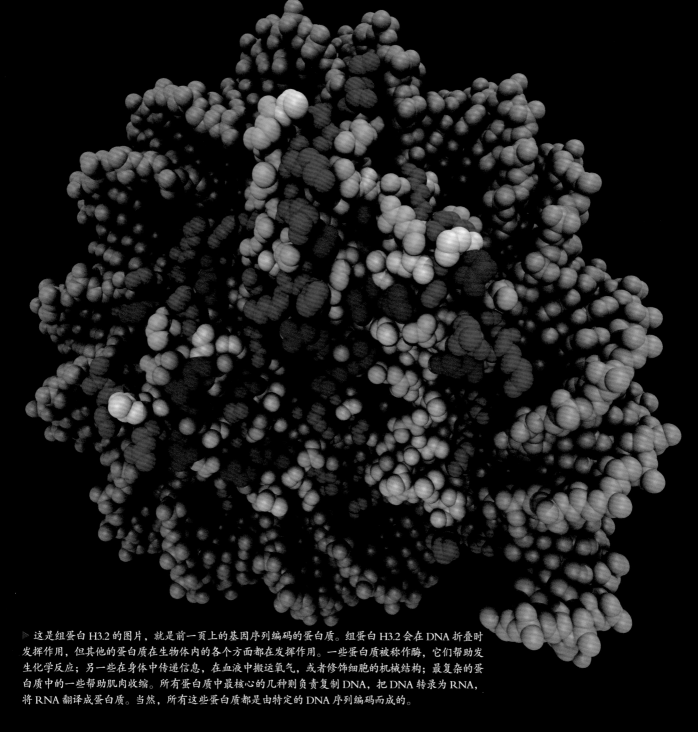

▷ 这是组蛋白 H3.2 的图片，就是前一页上的基因序列编码的蛋白质。组蛋白 H3.2 会在 DNA 折叠时发挥作用，但其他的蛋白质在生物体内的各个方面都在发挥作用。一些蛋白质被称作酶，它们帮助发生化学反应；另一些在身体中传递信息，在血液中搬运氧气，或者修饰细胞的机械结构；最复杂的蛋白质中的一些帮助肌肉收缩。所有蛋白质中最核心的几种则负责复制 DNA，把 DNA 转录为 RNA，将 RNA 翻译成蛋白质。当然，所有这些蛋白质都是由特定的 DNA 序列编码而成的。

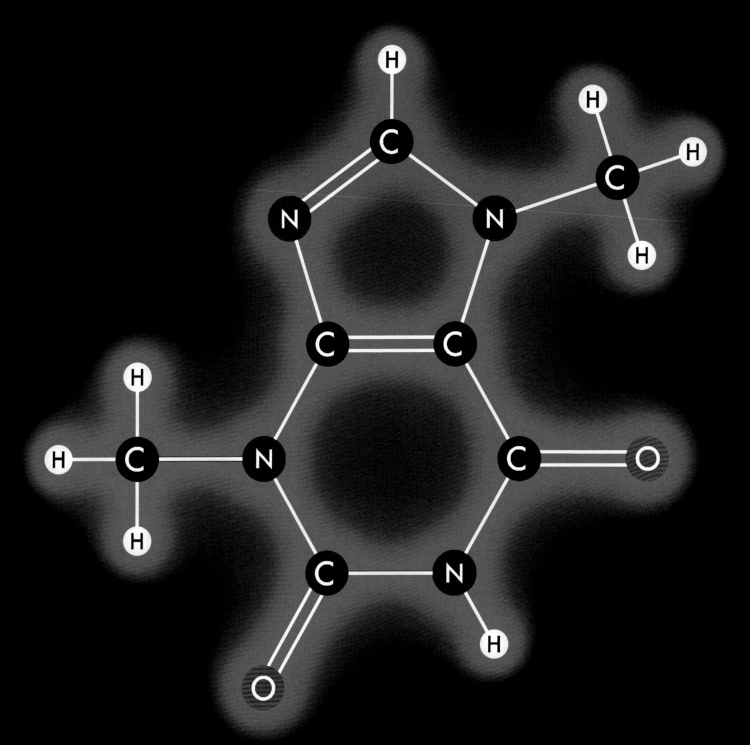

致　谢

所有图书都一样，作者在表达致谢前都经历了痛苦的过程。首先要感谢我的孩子和我的女朋友，感谢他们没有离家出走，没有跟我分手两次以上。然后要感谢我的编辑蓓基·寇，她可能想一到截稿日期，就像在有着最好润滑油的铁轨上奔驰的货运火车一样，飞速地向我们冲过来。

当然，我必须要感谢我的合作者兼摄影师尼克·曼，他几乎拍摄了本书用到的所有照片。在别人之后感谢他，仅仅是因为他没有感到煎熬：我想，他在为本书中的物品拍摄照片时享受到了很多乐趣，就像我收集它们时一样。在摄影棚中的几个月里，每一天都像圣诞节，一个包裹接着一个包裹，有时候一天就有十几个包裹寄过来，随之而来的是可供拍摄的稀奇古怪又特别棒的东西。我们为这本书拍摄了超过 500 件物品的照片！

其余的照片以及精神上和其他方面的鼓励、支持，来自我的长期合作伙伴马克思·惠特比——我们所有化学和与元素相关的事业中的重要人物。没有马克思，我在许久以前就会放弃做这类事情了。

狄安娜·格里布为我提供了非常宝贵的研究支持，以及无数的分子结构图。她曾抱怨过我那有问题的电子组态图，直到它们被修改到至少站得住脚了。感谢巴里·以斯拉勒维茨给一些大分子做了 3D 渲染。感谢大卫·艾森曼编辑了整本原稿，删去了我一些太过奇怪的想法。感谢科蒂·帕斯利提供了额外的研究支持。

我要感谢 HMS 小猎犬科学商店的约翰·法雷尔·昆斯，感谢他提供的最美丽的现代儿童化学套装盒。他帮助我们和下一代的孩子维持了鲜活的科学之梦。最后，我要感谢提供蛇粪的蕾切尔，这本书缺少它也无法完成。

其他图片来源

第 25 页：炼金术士，1937，纳维尔·康维斯·韦思；化学传统基金会收藏品，费城，宾夕法尼亚，经授权使用。

第 35 页：铜屋顶 ©2014 Shutterstock。

第 38 页：瀑布 ©2014 马克思·惠特比，经授权使用。

第 51 页：氰酸银 © 2014 马克思·惠特比，经授权使用。

第 65 页：木浆泡沫 ©2005 乔斯琳·萨里尼，创作共享署名授权使用。

第 72 页：乙烷气球爆炸 ©2014 马克思·惠特比，经授权使用。

第 91 页：高炉 ©2012 杰米·卡布雷莎，经授权使用；铝厂 ©2014 大街吊车有限公司，经授权使用。

第 143 页：罂粟 ©2012 皮埃尔·阿诺德·绍威，经授权使用。

第 160 页：甜菜 ©2012 免费照片和艺术知识共享署名许可。

第 185 页：金盏花提取物 ©2014 马克思·惠特比，经授权使用。

第 199 页：可见光和紫外线下的花朵 ©2011 克劳斯·施密特博士，经授权使用。

第 220 页：可视化的臭氧层空洞数据 ©2012 美国国家航空航天局（NASA），经授权使用。

分子结构的 2D 球棍模型是作者用来自 Wolfram Chemical Data、chemspider 网站上的结构文件和其他来源的资料创造出来的。

紫色光晕部分使用了人造静电场模型，借助软件 Mathematica 制成。它体现了每个原子点电荷及每个化学键线电荷的场强。（这不具有任何物理意义，只是对原子的模糊的主观印象，并且使它看起来美观。）

需要手动修改结构的分子用软件 Marvin 6.2.2（2014）完成，来自 ChemAxon。感谢狄安娜·格里布争取来了 mol 文件。

一些分子太复杂了，只能以 3D 的形式呈现。这是用分子可视化软件 VMD 实现的。©2014 美国伊利诺伊大学。Humphrey, W., Dalke, A. and Schulten, K., "VMD – Visual Molecular Dynamics," J. Molec. *Graphics*, 1996, vol. 14, pp. 33–38。

如果您对本书的内容有任何建议和意见，请发送邮件至 weiyi@ptpress.com.cn。

科学怪才西奥多·格雷的奇妙化学世界

畅销27个国家和地区，累计发行300余万册

《视觉之旅：神奇的化学元素》

通过华丽的图片和精彩的语言，讲述118种元素的神奇故事。

《视觉之旅：神奇的化学元素2》

通过元素周期表，揭示物质世界的组成规律。

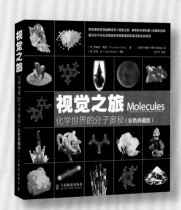

《视觉之旅：化学世界的分子奥秘》

从分子和化合物的角度，揭示宇宙万物的奥秘。

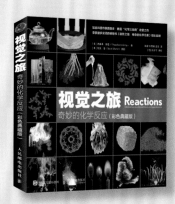

《视觉之旅：奇妙的化学反应》

通过各种奇妙的化学反应，展现五彩缤纷的大千世界。

美国《大众科学》杂志专栏文章精彩集萃

科学极客历时10年倾心打造

呈现那些难得一见的科学实验

探索奇妙现象背后的科学奥秘

全新改版，非同一般的阅读体验

《疯狂科学（第二版）》

《疯狂科学2（第二版）》

【西奥多·格雷著作所获奖项】

※ 2011国际化学年"读书知化学"重点推荐图书

※ 新闻出版总署2011年度"大众喜爱的50种图书"

※ 第十一届引进版科技类获奖图书

※ 中国书刊发行业协会"2011年度全行业优秀畅销品种"

※ 第二届中国科普作家协会优秀科普作品奖

※ 第七届文津图书奖提名奖

※ 2012年新闻出版总署向全国青少年推荐的百种优秀图书

※ 2013年新闻出版总署向全国青少年推荐的百种优秀图书

※ 2015年国家新闻出版广电总局向全国青少年推荐的百种优秀图书

※ 2011年全国优秀科普作品

※ 2013年全国优秀科普作品

※ 第六届吴大猷科学普及著作奖翻译类佳作奖

※ 第八届吴大猷科学普及著作奖翻译类佳作奖

※ 2019国际化学元素周期表年·优秀科普图书